伊藤健次の北の生き物セレクション

KENJI ITO'S NORTHERN CREATURES SELECTION

野付半島の雪原を疾走する
エゾシカ。奥は知床連峰

北の野生圏へ―カイカイアシトーを求めて

いつの間にこんな風になったのだろう。

ヒグマ、ウサギ、草木に花、鳥、そしてシャチ……。自分で写した北海道の写真を見渡しながら、不思議な思いがする。

埼玉の田舎で育った私は、高校3年の夏に初めて北海道を旅した。鈍行列車で向かう北海道は遠く、空が広かった。

青函連絡船で函館に渡り、札幌から襟裳岬へ向かう途中、日高で「乗馬」の看板を見つけた。子供の頃、近所で馬が飼われているのを見て、いつか広い草原で馬に乗りたいと思っていた。

ほんの寄り道のつもりで立ち寄った牧場だったが、乗り方を教わり、場内を数周すると、「それじゃ行こう」。なんと、柵を出て近くの川へ連れ出してくれたのだ。馬は力強く、怖いほど目線が高かった。振り落とされないよう必死に手綱を握った。揺れるたてがみの向こうに海を見た。

襟裳岬はどちらでもよくなり、静内（新ひだか町）の銭湯に入った時だ。

スーッと石鹸（せっけん）が流れてきた。少し離れた所で身体を洗っていた親父さんが、身振りで「使え」といっている。それがYさんとの出合いだった。

「どこに泊まるんだ?」「まだ決めてません」「じゃあウチに泊まればいい」

とことこついていった平屋の共同住宅の外には流木が山のように積まれ、真夏というのに部屋の真ん中で薪ストーブが燃えていた。

　Yさんは戦後名古屋から移住した人で、奥さんは地元のアイヌの方だった。その晩、やけにしょっぱい焼肉をご馳走になりつつ、Yさんが延々と語ってくれる開拓時代の話に夢中になった。

「日高の森が真っ黒だった頃だ。沢へ入ってシラチセって呼ぶ岩の庇の下で泊まってはヤマベを釣った。焚火で燻して町にしょっていくんだ。夏に木を倒して川に架けておくだろ。するとクロテンが渡るようになる。冬が来てあったかい毛皮に着替えた頃、雪に足跡を見つけたら、罠を仕掛ける。みんなウタリ（アイヌ民族の同胞）に教わった。戦後はどさくさで毎日生きるのに必死だった。ぶっとい木がどんどん伐られ、根っこダイナマイトでふっとばしてな。森はひらけてコタン（集落）も変わっていった」

　翌朝、自転車で日高山脈から流れる静内川の橋を渡り、シャクシャインの像が立つ真歌の丘へ行った。幕末の蝦夷地で松前藩と戦い、謀殺されたアイヌ側のリーダー。その像は札幌で見たクラーク像とは違う歴史を語っていた。シャクシャインという音の響きが新鮮だった。Yさんに連れられて見るシャクシャインは、遠い時代の異境の英雄というより、北海道に住んでいる誰かの祖先のように思えた。

　結局、襟裳岬へは行かず、静内から引き返した。わずか10日足らずの旅だったが、初めて旅した北海道はそれまで感じたことのない解放感を与えてくれた。

　見知らぬ北の島への憧れがどんどん膨らんでいった。あの小さな石鹸から、私の北海道は始まった。

流氷が消え、春の根室海峡に
シャチが集まってきた

写真との出合いは偶然だった。

その後、北海道の大学に入って登山を始め、すっかり山にのめり込んでいた頃、スキーで怪我をした。まる1年山へ行けず、宙ぶらりんな日々を過ごしていた時、新聞社の写真部でアルバイトをしていた先輩が辞めて、私が引き継ぐことになったのだ。まったくの素人だった私は、そこでカメラの使い方からフィルムの現像、プリントなど、ひと通り覚えることができた。新聞の撮影はまだモノクロフィルムが主流だった。

ある日、アルバイトの仲間がこんなことを言った。

「シャッターを切る一番いい瞬間、本人はそれを見ていないんだ。何千分の1秒かもしれないが、シャッターが閉じてるからな」

なるほど。写真は自分が見たものではなく、見たかったものが写っているのか——。

そして、何気ない写真であっても、その一枚に自分がそこで過ごした時間が焼きついている気がした。

怪我がなおった私は、カメラを手に、ずっと行きたかった山を歩き始めた。北海道で見たいもの、訪ねたい場所はどんどん膨らんでいき、無謀にも卒業後もそのまま写真を撮っていく道に進んでいった。

最初に取り組んだのは日高山脈だ。初めの旅で渡った静内川の源流には、人を容易に寄せつけない自然が残っていた。数万年前の氷河が刻んだカール（圏谷）という空間に、たまらなく魅かれた。日高の切り立った谷を登りつめると突然空が広がり、円形劇場に似たカールに出る。そこには太古からの目に見えない時間が静かに沈殿しているようで、その片隅に紛れこんだ感覚になるのだ。

雪どけ水が流れるカールの底に座っていると、どこからかナキウサギの声が響いてくる。崖で寝ていたヒグマの親子がふいに草原に下りてくる。谷を渡る風がダケカンバの梢を揺らし、花々の滴を払う。大きな肩を揺らして黙々とハクサンボウフウを食むヒグマを眺めているうちに、オコジョが足元に姿を見せ、透き通った目で私をのぞき込む。岩場をシマリスが駆け、ナナカマドの陰からシカの群れがそっと水を飲みに現れる。

水辺にじっと佇んでいるだけで、何かが現れ、それを見ているうちに今まで見えていなかった別のものが目に飛び込んでくる。そうして、私がいる場所がどういう世界なのかを教えてくれるのである。草木も虫も動物も、異なる姿でばらばらに生きているように見えて、大きな時間の流れの中では、隣り合い、繋がり合って生きている。

人里離れた深山には、海の生き物、山の生き物、遠い神々、近い神々、魑魅魍魎が集うカイカイアシトー（さざ波たつ湖）があるという。そんなアイヌの伝説に、日高の奥にひそむカールはふさわしい。野生のざわめきに満ち、一人でいても、たくさんの生命に取り囲まれた感覚がある。

北海道の山から森へ、川から海へ、そして海を越えた土地へとフィールドが広がっていっても、そんな野生の生き物に囲まれた感覚を求めてきたのだと思う。

さざ波たつ湖は、深山だけでなく、きっとどこにでも存在している。一頭の動物の小さな瞳の中に、草木のひと滴の中に——。

私がこんな風になったのは、ここでずっと過ごしたい、何かを見つけたいと思わせる北海道という島のせいだと感じている。

束の間の夏、北の山々は
無数の植物に彩られる。
中央奥は大雪山旭岳

目次

Animals

ヒグマ

Brown bear

骨を抱く

もうしばらく前になる。オホーツク海に続く山麓でひたすらヒグマを見て過ごした。

ある日、新雪の森で1頭のクマに出合った。見覚えのあるクマだった。

ヒグマは1頭ずつ顔や色、性格も違い見分けがつく動物だが、体格は栄養次第。別のクマに見違えるほど丸々とした体が、充実した秋を語っていた。

やがてイタヤカエデの根元に座り込む。何か抱えている。赤ちゃん？ 人形？ 沸騰する頭で雪に伏せたまま凝視する。大きな黒い手に抱かれていたのは、クジラの骨だった。

晩秋、ミンククジラが近くの浜に寄ってきた。クジラが沖を漂っている時から、匂いを嗅いだクマが海辺の丘でベーベー鳴いた。クジラが浜に上ると、山からクマが続々と下りてきた。カモメやカラス、キツネも集まり、体長5メートルのツヤツヤのクジラが2週間で骨だけになった。それが時化（しけ）で海に帰ってゆく一部始終は、大きな物語のようだった。

まだ続きがあった。ヒグマはクジラの骨を森へ持ち込んでいて、わずかに残った脂も最後までかじりつくして冬ごもりに向かうのだ。

時計ならわずかな時間が、ひどく長く感じられた。ふと冷たい風が背中を吹き抜け、ヒグマに向かっていった。雪のついた毛皮がワサッと揺れた。長いまつげと丸い目のクマが振り向く。かなしいほど美しかった。

激しさ、穏やかさ、怖さ、おちゃめさ、賢さ、間抜けさ、尊さ、手ごわさ、強靭（きょうじん）さ――。私にとってのヒグマは、矛盾するさまざまな性質を毛皮の袋にぎゅうぎゅう詰めにしたような野生動物だ。それでいて魅力がある。自然そのもの、といっていいかもしれない。

そして、姿はヒグマなのだが、そこにもう1人、人間がいるように思えることがある。

ヒグマ／山中の穴で冬眠し、雌はその間に1～3頭の子グマを出産。北半球に広く分布。日本には北海道に亜種エゾヒグマがいる。

儀式

午後2時。知床半島東岸で最も東の相泊（あいどまり）港を出航する。目指すは知床岬。死んだミンククジラが2週間ほど前に羅臼沖に浮いていたが、岬近くに漂着したという。

羅臼には船外機の小船で海岸のヒグマを観察し、コンブやサケ漁の解説をきくツアーがあり、それに乗せてもらう。操船は地元漁師の野田克也さんだ。

港を出て、穏やかなモイレウシの湾に入る。潮の甘い香りが鼻をくすぐる。かつて難破した船長が船員の肉を食べて生き延びた「ペキンの鼻」という難所を越え、岬手前の赤岩の浜に入る。昔は50軒以上あったコンブ番屋も、今はわずか2軒に人が入るだけだ。

岬寄りの浜に、金毛と黒毛の2頭のヒグマがいた。金毛の方には見覚えがある。クマたちがじゃれ合いながら草原で休んだり、自由に海に浸って水浴びする姿を見て、知床に夏が来たと思う。

やがて2頭が岬の方へ向かった。遠巻きに追うと、潮の引いた岩礁に丸々としたクジラが漂着している。傷み始めた表皮は茶色くなり、まるで炭火で焼いた巨大なフランクフルトが突然、知床岬に流れ着いたと見まがう風景だった。クマたちにここに来るなというのは無理である。

まずは金毛が浅瀬を渡り、歩み寄っていった。クジラの周りを歩き、脂のついた骨をなめ、少しずつ肉を食べていく。クマたちにとってこのクジラは、この夏最高の贈り物だ。エンジンを切った野田さんが胴長で海に入り、ゆっくり船をまわしてくれる。いつも波や潮流でのんびりできない岬が、青い蜂蜜をとろんと流したようなベタなぎだった。

逆光の中、ただクマがクジラを食べている風景が、いつしか神聖な儀式のように見えてきた。クジラは多くの動物たちの血肉となり、最後は波に洗われ、消えていくだろう。「ここは日本でしょうか」。乗客の一人がつぶやいた。

金毛のヒグマ

忘れられないヒグマがいる。ある秋、知床半島の奥で撮影していた時のこと。林道を歩いていると、前から一頭のクマがやってきた。見覚えのある金毛。周辺に出入りする20頭ほどの中で最も美しく、少しやんちゃな雄グマだった。

私は道をあけ、草原の丘に上った。大抵のクマは人に気づけば避ける。だが金毛は歩き続け、何を思ったかトトッと私に向かって駆けだした。今もその瞬間を覚えている。犬が飼い主のところに戻ってくるような、迷いのない走り方だった。焦った。逃げられるスピードではない。50メートル、30メートル、10メートル……。みるみるクマとの距離が縮まる。棒立ちのまま、尊敬するクマ猟師の言葉が脳裏をよぎった。

「はじめから人を襲おうと狙っているクマはいない。向かってきても一度は止まるから、背を向けて逃げずに声をかけなさい」

声を出さないと——。ハイッ、ホイッ、ハイッ。止まっていた息を吐きだすように、何とか声を出した。

大きな毛の塊が目の前で止まった。距離1メートル。金毛はそこで右に左に半円を描き、小さな目で私を見た。

それは「クマのいる風景」とは違う。荒く呼吸し、筋肉から毛先まで力のみなぎる野生動物が丸ごと目の前で踏ん張っている姿だ。

圧倒的な存在感だった。金毛は軽々と命に関わる距離に迫り、私に手をかけようとすればできたはずだ。腰から防護スプレーを抜いていたが、噴射できなかった。かろうじてクマとの間に保っていた距離さえ失ってしまう感覚があった。

それ以上踏み出さないでくれ。祈る気持ちで声をかけ続けた。

突然ブルブルッと巨体がよじれ、水しぶきが弾けた。ふいに金毛は視線をそらし、大きく肩を揺らして歩き出した。

そして、遠くで一度だけ振り返り、森に消えていった。

樹上のうたた寝

金色がかった背中の毛が初夏の木漏れ日を受けて輝き、その光の中で小さな虫たちが飛びかっていた。

イタヤカエデの太い枝。こずえに広がる柔らかな新緑。海から届く潮風の香り。6月の北海道らしい透明な空気に包まれ、知床の森でヒグマがうたた寝をしていた。

ヒグマは森の中でこんなふうに寝ていたのか——。私は不意の出合いに驚き、高鳴る心臓の鼓動を抑えられぬまま、あまりに穏やかな光景に打たれていた。

よくぞこの丸い体で丸太のような枝で居眠りができるものだ。寝ぼけて落ちたりしないのだろうか。私もこんな樹上のうたた寝をしてみたい。枝に乗せて脱力した顔と、だらりと下ろした前足を眺めながら、この夢のような時間こそヒグマの日常なのだと思った。

静寂な場を乱さぬよう息を潜め、遠くでじっとしているのに、硬い靴で枯れ草を踏んでも、服を着た体をわずかに動かしても、ガサゴソと音がしてしまう。おまけに黒いカメラをぶら下げ、カシャカシャとシャッターを切る自分は何とガサツな生きものだろう。こんな時ほど、機械に頼らず、まばたきひとつで写真を写せたら、と思う。ヒグマは私のことなどとうに気づいている。そのうえで放っておいて、悠々と樹上で休んでいるのである。

「信頼できる風景」というものがあると思う。小さなプロペラをつけたイタヤカエデの種子が森で芽吹き、太く育った時間。ヒグマが世代交代を繰り返し、日々生き抜き、休息する時間。潮の香りさえ、いわば海の生きものが時間をかけて醸した吐息のようなものだ。私たちが出合う風景は、その場を構成するさまざまな生命が、果てしない時を経て生み出した日常で織りなされている。何げない風景に信頼を感じるのは、その奥にきっとゆるぎない日常が隠されているからだ。

はじける季節の中でここだけ時間が止まったようだった

ヒグマが語ること

海辺の看板をいじるシルエットを遠くから見た時、知り合いの漁師さんかと思った。近づくと一瞬「クマの着ぐるみ」での作業かと錯覚した。でも知床半島の奥で誰がそんなことをするだろう。

やっぱりヒグマである。そのクマは看板に手をかけ、あたかも文言に誤りはないか確かめるように見つめていた。何かに反省しているようでもあった。

張り紙いわく――。

「キャンプは危険です！　この地域のヒグマは、人を避けて歩きません。人命にかかわる事故が発生する危険性がありますので、キャンプは絶対にしないこと」

私は思わず吹き出し、物語の世界に紛れ込んだ気がした。このクマは最高のレンジャーだとうなずくのだった。

知床半島が世界自然遺産に登録される10年ほど前から海岸や森でヒグマを見てきた。驚きに満ちたさまざまな出合いを通じて結局私が学んだのは、ヒグマは個性があり、一頭一頭違うこと。そこも含めて人間とよく似ているということだった。

色や体格、性格もそれぞれ。毛皮をまとっているが､立った時や、母グマが子グマに授乳する姿など特に人間とそっくりである。魔法で人がクマの姿に変わってしまったのかと思うことさえあった。

自然界で野生のクマと向き合ううちに「生きることは境界を越えること」と思えてきた。クマは食料や交配相手、休息地を求めて森を自由に移動し、山はもちろん海にも出てゆく。人が作った畑や道や市街地にもチャンスがあれば入ってゆく。地理的な境界を越えるだけでなく、人の活動や環境変化に応じて常に自分の生き方も変化させている。

境界を越すごとに摩擦は生じるけれど、この野生動物は大昔からそうして生き抜いてきたのだろう。人もまた――。

絶好の居場所

7月下旬、日高山脈に入った。雪渓は消え、鋭い峰が連なる広大な山並みは濃密な緑に覆われていた。

北戸蔦別岳から戸蔦別岳、最高峰の幌尻岳（2052メートル）に登り、山中で3泊。その間、15頭のヒグマを見た。道内の山に親しむ人にとっても驚く数字ではないだろうか。これまで日高では、幌尻岳とカムイエクウチカウシ山でヒグマを見てきたが、1度の山行で最も多い目視である。

内訳は0歳2頭連れ親子2組、1歳1頭連れ2組、単独5頭。上部の植物やハクサンボウフウ（セリ科）の根を掘り起こして食べていた。その跡が「起こしたての畑」のようにあちこちに残っている。

稜線の下に広がる七ツ沼カールは私が2泊する間、親子2組と単独4頭、実に9頭が出入りしていた。他に姿を見せたのはキツネ1匹、ナキウサギ4匹、シマリス1匹、シカ8頭。ヒトは、私ひとり――。

カールはかつて日高山脈上部を覆っていた氷河が山を削ったおわん状の地形。沼が点在する七ツ沼カールは、急峻な日高で随一の穏やかな空間だ。そこはヒグマにとって、食料と水と隠れ場がそろう絶好の居場所なのである。

「日本百名山」の幌尻岳には夏、多くの登山者が訪れる。その足元のカールでヒグマが人と適度に距離をとりつつ草を食べ、親子はじゃれ合い、岩棚でうたた寝をしている。大きな雄がカールに入ってくると他のクマが退散し、また離れて草を食べ始めたりする。

そして遠くを見渡せば、道もなく、登山者すら訪れないカールがいくつも影を刻んでいる。ここではヒグマの日常は揺るぎなく、人の存在がとても小さい。

日高山脈一帯が国立公園に格上げされる予定だ。名称が変わっても、この深山は国や人間のための公園というより、ヒグマの山であり続けるだろう。

ヒグマは看板を確認すると満足そうに去っていった

幌尻岳・七ツ沼カールで過ごすヒグマの親子

裏庭のキハダ

「フィヨーン、フィァオーン」

薪(まき)ストーブに火を付け、うとうとしていると、雄鹿の遠ぼえが聞こえてきた。発情した雄が雌を呼んだり、他の雄をけん制するラッティングコール。秋の繁殖期特有の鳴き声だ。哀愁を帯びて尾を引く音色に、しみじみまた季節が一回りしたなと思う。

翌朝、裏庭を歩くと、黒光りする丸い粒が転がっていた。新しいエゾシカの落とし物。昨日はなかったから夜中にここまできたのか。山裾にある家の食卓からは時おり鹿の群れを見る。雄鹿が風呂場の窓の外に突っ立ってのぞいていたこともあるから、驚くことではないが――。

近くに立つキハダの樹皮がかじられ、黄色くむけている。そういえばこのキハダの木、まだ親指ほどの太さだが、私が拾ってきた実から発芽したものだ。

以前、知床の海岸で直径1センチほどの濃紺の果実が山盛りになっているのを見つけた。ヒグマの落とし物だった。動物のフンとは思えぬツヤ。あまりにきれいなので、両手に余るほどの実を全部拾って帰り、友人に見せようと袋を開くと、なぜかミカンのような爽やかな匂いが広がった。

「ジャムを作るの?」

友人が真顔で言った。

クマが丸のみしたのはヤマブドウではなく、ミカン科のキハダの実だったのだ。

そもそもジャムにする気はなかったから土にまいてみた。「クマフンの森」ができたら面白い。

するとたくさんの芽が出た。ミカンの仲間らしく、まだ30センチにならないうちにアゲハチョウがやってきた。卵を産み、サナギになり、やがて飛んでいった。放っておいたせいか、いつの間にか苗木の多くは枯れてなくなったが、裏庭のキハダはその一本なのだ。

エゾシカが半分かじっていったキハダ、来年はどうなっているだろう。

エゾシカ／一夫多妻で繁殖力が強い。雄の角は毎年春先に落ちて生え替わる。北海道のエゾシカは本州に生息するニホンジカの亜種。

エゾシカ

Ezo sika deer

稚咲内の海岸にて

2月生まれのせいか、冬の中では2月が一番好きだ。寒さも雪の量も十分。サハリン沖から流氷が接岸すると、北海道の冬が完成した気がする。

北国の冬らしい風景の中でも〝極北〟を感じさせるのがサロベツ原野付近、利尻島を見渡す稚咲内の海岸だ。

道北の日本海に流れ出す天塩川の河口から国道を離れ、海沿いの一本道を北上する。右に凍った沼を抱くサロベツ原野。左は海越しに利尻山。吹雪なら地獄だが、快晴なら〝真冬の天国〟へ向かうような道。アイヌ語でリーシリ（高い島）という通り、険しい山が海から激しく突き出ている。神様のようなこの山が姿を見せたら運転には要注意。抜海岬を越えるまで目を奪われ続けるからだ。

この海岸を走っていると、以前旅した北欧スカンジナビア半島の北極圏を思い出す。氷河に削られた険しいフィヨルドの海は、暖流のため冬でも凍らず青々としていた。サーミランドのイナリ湖は白く凍り、雪原にはトナカイの群れ。トコトコ道路を渡る姿がエゾシカそっくりだった。

北極星がいつもより高い夜空に輝き、緑色のオーロラがカーテンのように舞っていた。ちょうどお祭りの日、先住民族サーミの人々が、雪に映える赤と青の晴れ着で小さな村に集まり、ヨイクという民族の歌をうたっていた。何もない場所を目指してやみくもに北へ向かっていたのに、何もない所など、どこにもなかった。

ひと気のない稚咲内の海岸には、エゾシカが海の塩をなめにきていた。

静かだ。山があり海がある。空のカモメが風があるよと言っている。シカが立つ雪の下では野の花が冬を凌（しの）いでいるだろう。

この海岸で波風の音を聞いていると、ここには何もかもそろっていると思えてくる。

内側から知ること

野辺にエゾシカがいる。洗練されたシルエットや草をはむ穏やかな息づかい、躍動感に満ちた疾走をいつまでも見ていたい。一方で複雑な感情が湧き上がる。

シカは私には大切な食べ物で、それを写し撮りたい気持ちと捕って食べたい気持ちが交錯するからだ——。私はシャッターを切る同じ指先で銃の引き金をひき、シカを解体し、料理して口元へと運んでいる。

相手に感動し、魅力を伝えるのが写真家の仕事だ。捕ればその分いなくなる。好きな相手の生命を奪う行為は矛盾している。

誤解を恐れずいえば、私は店でパック詰めの牛や豚や鶏の切り身を買うより、魚を釣って食べるのと同様に、できるだけ自分の手で、山野のシカを捕って食べたい人間なのである。なので私の身体の何割かは、間違いなくシカでできているはずだ。

シカが増えた今では想像しづらいが、30年ほど前は探すのさえ難しかった。その頃からレンズ越しにどれだけ見続けても、何か届かない場所があった。「見ているだけの弱さ」のようなものを漠然と抱いていた。

狩猟への背中を押したのは、クマ撃ちの達人だった千歳の故・姉崎等さんや、ロシアのウデヘ族の猟師だ。身辺の生き物を食すことと殺生に日々向き合っていた。「彼らの自然との付き合い方をいいと思っているのに、なぜ自分ではやらない」。そんな声が降ってきた。

お風呂場の窓から雄ジカがのぞき込むような山辺で暮らしている。捕ること以上に、心と呼吸を整えることとの方が難しい。

有害獣として駆除されるシカだが、撮ること、捕ること、解体して内側から知ること、食すこと、すべてが私には恵み以外の何物でもなく、写真家以前に人としてどう向き合うか迫ってくる生き物なのである。

草原の落とし物

たそがれ時の走古丹（はしりこたん）はまだ冷たい風が吹いていた。風蓮湖の海側にのびる平たんな砂州に、点々と電柱が並ぶ。車道と電柱はどこまでも一緒だなと思う。ぶらぶら歩きつつ草原の一画に目がとまる。

これは……。角まで含め約30センチ。「鬼の面」が真っ先に浮かび、それを打ち消すように、近くで見た1本角のエゾシカの顔が重なった。

でも何か違う。よく考えればシカの頭骨はこんな平たくない。あるべき鼻がない。ぐるぐる思い巡らせても、付近にすむ動物の顔が浮かばない。つい鬼に行き着いてしまうのは、自分の中にオニがいるからか——。

この落とし物をひと目見て何の骨かわかる人は、相当な動物好き、いやホネ好きだろう。

やがて私は、耳に見えた丸いくぼみに「あっ」と声をあげた。謎がとけてきた。

角は途中で折れて角に見えただけ。これはシカの寛骨（かんこつ）——お尻の骨だ。本来は裏返り、中心のへこみに尻尾の骨が重なって右下へ続く。耳に見えたくぼみは後足の股関節。全体で骨盤になる部分だった。

『大きな鳥にさらわれないよう』（川上弘美著）のあるシーンを思い出した。

未来、人間はさまざまな動物の細胞から工場生産される。生前は自分がどの動物由来か知らされず、亡くなった後の骨の形で初めてイルカやネズミ由来、あるいはその頃もう珍しくなった自然繁殖、つまり、人間由来だったことに気づくのだ——。

野辺に残る動物の骨は、時がたつほどきれいになる。肉体が消えた後、それを内部で支えてきた骨が思いがけぬ形で現れ、どちらが本体だったのか考えさせる。

私は静かな草原で、やがて形を失うだろうお面と、じっと向き合っていた。

エゾユキウサギ

Mountain hare

サクラとウサギ

午前4時すぎ。東の窓をほんのりと朝日が照らす。身支度する間に温めたトマトジュースを飲み干し、玄関の扉を開く。
今日は運がいい。新聞配達より早いスタートだ。
犬小屋のキラは顔さえ見せない。キラは私が玄関を出た瞬間、「これは散歩じゃない」と悟って起きないのだ。胸の内すべてを他者に悟られてしまう「サトラレ」という物語があったが、動物と付き合っていると、自分もサトラレなのかと錯覚する。
エンジンをかけ、坂道を下り、向かいの丘に登る。緩やかな丘の斜面は昨日より新緑が濃くなり、起こしたての黒々とした畑が見え隠れしている。丘の上に出ると、夕張岳や芦別岳が季節外れの新雪で生まれ変わったようにまぶしかった。
そっと車のドアを閉め、朝露で湿る坂道を下ってゆく。ゆっくりゆっくり。
薄紅色のエゾヤマザクラ、さらに淡いチシマザクラのつぼみも開いて朝の逆光に輝いている。誰もいないのがもったいない花道だ。
あたりを見回しながら進んだ先に「茶色い石」のような塊を見つけ、思わず「良しッ」と心の中で叫んでしまった。もうサトラレても仕方がない。今日この日にこそ写し止めておきたいと願っていたエゾユキウサギが、道の真ん中でひなたぼっこしているのだ。
桜が咲くのは1年に一度きり。その一度の中でも、一番美しく花が開くのは一日限りではないかと思う。そんな満開の桜の下で、出合いたいと思う相手と出合えるのも1年に一度きり——。
それが雨の日もあれば、風の日もある。自分にできるのは、ただ期待して準備するだけだ。
足だけ雪の色を残したように換毛したユキウサギが春の木漏れ日の中で戯れ、桜の花びらが風に舞っていた。

エゾユキウサギ／平野から高山まで生息し、木の芽や草を食べる。冬は白く毛替わりする。北半球に分布するユキウサギの亜種。

野生のルール

新緑がもえ、山笑う春。草丈が伸びる前にと空知地方のある丘へ通っている。

目当てはエゾユキウサギ。毎年訪ねる場所だが、早春なかなか姿が見えず、待ち疲れた頃キツネが現れた。するするとウサギの隠れ家のやぶの中へ。別の1匹も忍び足でそこへ――。もしや食べられた？

不安を胸に翌朝訪ねると、やぶからぴょんとウサギが1匹。さらに次々飛び出し、草原で4匹の追いかけっこが始まった。生きていたか。危険な相手と隣り合って暮らすのが野生動物の厳しさであり、不思議さである。

繁殖期らしく、波打つ丘を猛スピードで跳ね回る姿に笑ってしまう。最高時速約80キロ、日本最速の哺乳類といわれる。本気の逃走に追いつくのはキツネでも簡単ではないだろう。

「脱兎（だっと）」を追うのは早々にあきらめ、ウサギの通り道の端に座り込む。そこで思い起こすのは米国の絵本作家マリー・ホール・エッツの『わたしとあそんで』（福音館書店）。以前ヒグマの写真絵本を作った時に編集者が薦めてくれた絵本だ。

開墾地から野原へ出かける少女。そこに現れる虫やカメ、ウサギたちと遊びたいのだが、「一緒に遊ぼう」と駆け寄るたびに、ことごとく逃げられてしまう。

だが、じっと座っているうちに、隠れていた生き物が安心して顔を出し、やがて向こうから遊んでくれるようになる。待つ時間の大切さ。敷地の柵や動物よけの金網が効果的に描かれ、少女はいつのまにか、人間が造った壁を越えて野生の世界になじんでいる。

野生動物の撮影に似ている。一緒に遊びたいという気持ちで始めるが、相手が「そこにいてもいい」と感じてやっと、素顔を写せるようになるからだ。草原を周回したウサギが私の目の前で止まり、鼻をひくひくさせた。

シャチ

Killer whale

共生の地

羅臼は遠くて近い。

石狩平野のはずれの私の家から450キロ。車で約8時間。道草すれば往復千キロで、東京への片道とほぼ同じ距離だ。遠いなぁ。そう思いつつまた来てしまう。

石狩川を北上すると、やがて田んぼがなくなる。佐呂間に入るとオホーツク海の匂いがする。小清水のイモ畑と斜里のでんぷん工場をやり過ごし、ウトロのカメ岩を横目に知床峠に上がる。国後島が見える。

ところが羅臼はすっぽり海霧の中。道中晴れていたのに、羅臼だけがガスなのだ。相変わらずだと思いつつ、私は露天風呂「熊の湯」を浴び、神社の水を飲んで気持ちを整え、季節外れのダウンを着て沖へ向かう。

いろんな土地を通過してくると、羅臼にしかないものがよくわかる。ガスが晴れればシャチがいる。渡り鳥が毎年遠くから飛来する。野の生きものは、ここにあるものをちゃんと知っているのだろう。

そして、それぞれがみな近い。沖に出ても山が近い。海と山のはざまに家が並び、シマフクロウが屋根を飛び越えて魚を捕っている。千島列島も近い。そういう場所で生きている人の言葉が、すぐそばから聞こえてくる。

「羅臼は人の住むところじゃない」と羅臼生まれの船長は言うが、先代からコンブや魚をとってきて、今はシャチやクジラを追って暮らす。そうして「知床は（半島先端の）岬ですら人が暮らしてきた歴史があるんです」と言う。

知床岬で土器を見つけた時、私はその通りだと思った。羅臼の遺跡からでた舟形の木の器には、美しいクマの顔が彫られ、シャチの背びれが刻まれている。半島の先人ならではのいいデザインだと思う。

海も山も近いから、人は生きられる。野生の生きものがいるから、人は生きられる。私は羅臼でいつもそう教わっている。

シャチ／世界中の海に分布する海生哺乳類。ハクジラの仲間。
雄は体長9m、背びれ2mに及ぶ。母親中心の群れで暮らす。

レプンカムイ

シャチは羅臼沖でさまざまな行動を見せてくれる。跳んだり鳴いたり、胸びれや尾びれで激しく海面をたたいたり。立ち泳ぎで間近に顔を出し、船べりの人間をのぞくこともある。スパイホップと呼ばれる偵察行動で、シャチもこちらを観察しているのである。

初夏、国後島と知床半島に挟まれた海峡に100頭近いシャチが集まることがある。そんな時、雄のシャチが青い水面で反転すると突然、きれいなピンク色に光る生殖器が現れ、船上の人々から「オーッ」「キャー」と半分悲鳴のような声があがる。雄同士、雌同士が体を寄せあい、まとわりつくような姿もみせる。

そこで一体何をしているのかが、動物行動学的にも、同じ哺乳類としての心情的にも一大関心事だ。さまざまなシャチの行動の意味を、研究者はもちろん、漁師、観光船スタッフ、水族館飼育員が経験を交えてあれこれ推察するのだが、自然界の生殖を巡る話は真面目に議論するほど、ときに話者も聴衆も顔が赤らみ、ますます謎は深まっていくのだった。

「船に乗るお客さんの質問にきちんと答えたいから、シャチのことをよく知りたいんです」。ある船長の言葉が響いた。以前漁師をしていた時は、今のようにシャチをじっくり見ることも、気にかけることもなかったという。

アイヌ民族にはレプンカムイ（沖の神）と呼ばれるシャチを主人公にした神謡が伝わる。つまり昔から北海道の沿岸にシャチは「いた」。けれど野生の生きものは、出合う機会と、その人に何かしら関心が湧かない限り、なかなか目に映らないものだ。

私は羅臼沖で初めてシャチに出合って感動し、撮影を始めた。もう10年以上になるのに、シャチも、そして広く深い海も知らないことばかりなのが、今も海に通う理由かもしれない。

ずっと憧れていた。羅臼沖にシャチの噴気が上がり鳴き声が響く

巨体が宙を舞うたび水飛沫が爆発する。なぜそんなに跳ぶのだろう

海に生きる

久々に真冬の知床半島羅臼沖へ出た。知床岬を回った流氷が根室海峡に流れ込んでいる。

流氷は「生き物」である。毎日、いや朝と昼でも驚くほど状態が変わる。

ごつごつした氷塊がびっしり浜に押し寄せ港をふさいだかと思えば、翌朝ぽっかり海が開き、遥かかなたで白い帯になっていたりする。

氷原の中、煙を上げて突き進む船がある。スケソウダラの漁船だ。鉄の船が氷を砕くたび、動物の叫びに似た音が鳴る。

羅臼の漁師は海が氷に覆われていようが、寒風が頬を突き刺そうがお構いなしに、真っ暗なうちから船を出す。

日ロ中間ライン付近の流氷帯にわずかに水路があり、6、7頭のシャチの群れが入り込んでいた。真っ黒い背びれが浮きつ沈みつ、冬の日差しにきらめく。残念ながら水路の入り口が閉じて、観光船は寄ることができない。シャチの白い噴気が遠い空にとけてゆくのを眺めながら、北極海にでもいるような気がした。

シャチは赤道付近から北極海、南極海に至るまでほぼ全海域に生息する。鯨類としてだけでなく、哺乳類としても最も分布域が広い。群れごとに独自の食性や暮らし方をしつつ、地球の海に最適応してきた動物である。そんなシャチの存在は、津々浦々、世界中の海で活動する漁師の姿に重なって見える。

時々沖に出るのはいいものだ。自分が暮らす土地からいったん足

を離し、船という対岸から眺められる。海の生き物の目に少しだけ近づける。沖では海鳥がついて回り、いかつい船長が「あいつらだって羽を休めたいだろう」とつぶやいたりする。
海辺に並ぶ漁師の番屋や家々は、熱源を秘めた小さなマッチ箱のようだ。そのすぐ後ろに、雪の知床連山がそそり立っている。

真冬の羅臼沿岸をシャチが進む。噴気をかすめてカモメが伴走する

クジラたちの海

この春も、南半球タスマニアからハシボソミズナギドリの大群が渡ってきた。多い時で20万羽ともいわれる鳥たちが残雪の知床連峰を背に舞う姿は感動的だ。

この鳥の群れは上空から海に飛び込み、いったん、魔法のように姿を消す。狙いはオキアミや小魚。やがて浮上し、海面を蹴って羽ばたく音がすさまじい。ミュミュミュミュという鳴き声と無数の羽音が入り交じる独特の騒がしさに包まれると、海峡に春が届いたと実感する。

ハシボソミズナギドリが群れる「鳥山」が海上に現れると、さまざまな鯨類が姿を現す。この春は例年になくニシンが豊漁で、それを追ってきたのか、ナガスクジラが連日20頭ほど高い噴気を上げていた。体長20メートル強は世界最大のシロナガスクジラに次ぐ大きさだ。めったに全身は見せないが突然、船の近くでブヒューとひと

5月の連休明けから相変わらず羅臼沖に通っている。丸い頭で口先のあるツチクジラや神出鬼没のミンククジラ、胸びれの長いザトウクジラ、そして夏になれば常連のマッコウクジラがやってくる。

羅臼町では5月20日ごろにやっと桜が満開になった。エゾヤマザクラの開花は稚内や釧路、根室が日本で最も遅いとされるが、あくまで標本木のある観測地に限った話。私が見る限り、平地の町では羅臼が最後だと思う。つまり北海道で最も気候が厳しい土地なのだが、流氷が解け去り桜の便りが届くと、根室海峡はがぜん賑やかになるのである。

吹き。たった「ひと息」で船上の誰もが驚き、びくっと体を震わせた。

2015年6月には、大阪で混獲されて以来46年ぶりというホッキョククジラも現れた。私はまさか羅臼沖でホッキョククジラを写すとは思ってもみなかった。

今年はどんなクジラとの出合いがあるだろう。

ミンククジラ

Minke whale

オキアミや小魚を海水ごと丸飲みし、ヒゲで濾して食べる。ヒゲクジラの仲間。雄は体長7mほど。捕鯨の対象である。

生きている

知床半島東側の羅臼港を出港すると、沖には乳白色のガス（海霧）が立ち込めていた。

国後島を望む根室海峡。7月というのに、青空を忘れてしまいそうなモノトーンの世界だ。この年の6月は例年にない時化模様でクジラウオッチング船の欠航が続き、7月に入っても天気はぐずついた。「こんな年はないな」。それが船長はじめ常連客の間で頻繁につぶやかれるセリフとなった。

日照不足は陸の農作物だけでなく、海中のコンブにも影響する。漁師が集う「熊の湯」の露天風呂では「昆布の実入りが悪いわ」とため息がこぼれるのだった。

濃霧の航海はホワイトアウトの雪山の徘徊（はいかい）に似ている。吹雪で大地と空が境界を失い、天地さえ分からなくなる状態だ。海も空も霧の中に溶け込み、自分だけその曖昧模糊（もこ）とした世界に取り残されているようで不安になってくる。視界のなさは人の気を曇らせ、精神を圧迫してゆくのである。

　わずかにガスが切れた時だ。低く波立つ海面に黒いクジラの背中が見えた。

白い噴気があがり、曇り空に吸い込まれてゆく。

　ザトウクジラ。日本では小笠原や沖縄でよく見られるクジラだ。羅臼沖では近年、なぜか2年に一度の割合で観察されている。

　数日霧に覆われ続けた沖で一頭のクジラに出合い、心底ほっとした。ゆったり呼吸する巨大な生物をただ眺めているだけで胸の奥の霧が晴れ、滞った時計の針が動きだすような安心感を覚えた。

　ふいにザトウクジラが逆立ちするように反転した。特徴ある双葉形の尾びれが高々と宙を舞い、激しい水しぶきがあがる。尾びれはシャチにでも襲われたのか切れ目があり、フジツボがいくつも張り付いている。その「生きている」感じがいい。

　クジラの神様がくれた一瞬の巡り合いに感謝——。

ザトウクジラ

Humpback whale

ヒゲクジラの仲間。尾びれの白い模様で個体識別ができる。暖かい海で繁殖し、冷たい海で採餌する。羅臼沖ではまれ。

ひたすらに

深呼吸したマッコウクジラが逆光の海に潜ってゆく。根室海峡・羅臼沖。潮を噴いて浮上していたのはわずか6分。腰を曲げて水中に入ると、広い尾びれが悠々と上がった。海水を滴らせたひれが夏の日ざしにきらめく。やがてクジラは海に吸い込まれ、水を蹴った大きな円い波紋だけが波間に揺れるのだった。

夏から秋、羅臼沖にはマッコウクジラがやってくる。出合うのはなぜか体長18メートルにおよぶ雄ばかり。岸から一気に深くなる羅臼沖は船からはもちろん、陸からも雄のマッコウクジラを観察できる世界で唯一の場所といわれる。

潜水時間は40分~1時間。2千メートル以上の深さを潜れるという。その間息を止め、暗闇でイカ類を食べているらしい。姿を現すのは息継ぎに浮上する7分前後。しかも背中側と尾びれだけで、全身を目にする機会はまずない。

海に潜ったクジラの探索で頼れるのは目ではなく「耳」。マッコウクジラは頭からクリック音と呼ばれる音波を出し、その反響で周囲の環境や餌を確認する。水中は陸上より音が伝わりやすい。その音を水中マイクで拾って彼らの動向をつかむのである。

船のスタッフがマイクを下ろし、方向を変えつつイヤホンでクリック音を探る。「国後島方面に一頭。音が大きいので1マイルくらいかな」

カチッカチッ。イヤホンを借りて耳をすますと、波の音のかなたから指を鳴らすような不思議な音が響いてきた。

マッコウクジラ

Sperm whale

ハクジラの仲間。深海に潜り、大型のイカなどを食べる。羅臼沖へは夏から秋、主に体長20m近い雄が回遊する。

目を閉じ、暗い海中を想像する。巨大なクジラが、自分で放った音を受け止めつつ、光の届かない世界をひたすら泳いでいる。自由に、力強く。一体どうやってそんな方法を身に付けたのか――。

クリック音が止むと浮上の合図。クジラの噴気を待って海原を見渡す時間がまたいい。

暮らしとともに

幕末の北海道を探検した松浦武四郎の「知床日誌」には、宇登呂付近でこんな記述がある。

「夕方、あざらし一頭がとれた。これを殺して解体しているのをみたが、肺臓が六枚になっていた。アイヌたちは、『あざらしのは六枚、きつねのは三枚』という。無知な者と思われがちな彼等(かれら)が、このようなことをよく心得ていると、そのときふと不思議な気がしたものであった」(丸山道子訳)。このわずか4文節には、狩猟者の知恵と異文化理解につながる鍵が潜んでいる。

武四郎は幕末の1856年から3年間、幕府雇いの身で北海道の地理とアイヌ民族の状況を調査した。日誌は最後の58年春、根室から知床岬を回り斜里へ向かった時の記録だ。

和人として当時の北海道を最もよく旅した一人であり、アイヌ民族や文化への理解のある人だった。その人にして、この感想である。もしアザラシを解体した当人が日誌を読んだら、「アイヌ(人間)なら皆知っていると思っていたが、心得ていないとは不思議だ」と思うのではないか――。

オホーツク海は古代からいわば海獣狩猟の海だ。アホータ(狩猟)に由来する名称ともいわれる。寒冷な海辺で生きることは、良質な毛皮を持つ海獣をどう捕り、どう暮らしに生かせるかということだったはずだ。

トッカリ(アザラシ)皮は服や靴に。肉は食料に。冬も凍らない脂は食用や照明、馬具の保革油として先住民から開拓民に伝わり、道民の生活必需品だった。今は頭数管理捕獲のみで、生活から遠い

存在になった。
　狩猟と解体と利用は、ワンセットで野生動物を内側から理解する作業である。旅することも、それに似ている。さまざまな未知に出合い、外目からはうかがい知れなかった内実を知り、自分の無知に気づく。
　旅から戻り、少しでも自分が変われたなら、お土産は十分だ。

ゴマフアザラシ

Spotted seal

北太平洋に生息するまだら模様のアザラシ。オホーツク海では流氷上で出産、育児を行う。道東の汽水湖にも生息。

カムイと呼ばれて

なごり雪の季節。降っては消えるはかない雪が、北国らしい春の訪れを告げている。陽光に山の雪がみるみる減ってゆく。オホーツク海を覆っていた分厚い流氷もいつしかばらけ、海が開き始めた。

この時期、知床半島沿岸の流氷の上にアザラシを見ることがある。ベーリング海からオホーツク海に生息するゴマフアザラシやクラカケアザラシは3〜4月が出産期。まだ泳ぎのうまくない子を氷上で授乳して育てる。

ただ、この頃には流氷が遠く離れてしまうことが多く、真っ白な赤ちゃんを目にする機会はまれだ。海明けの早いこの春、沖の氷上では、人知れず何頭もの子アザラシが生まれたことだろう。

北海道のアイヌ民族にとってカムイといえば、まずはヒグマを指すことが多い。一方、樺太アイヌにとってのカムイは、東海岸では主にアザラシ。西海岸ではトドを指した。それぞれ肉や皮などの恵みを与えてくれるものとして生活に深く関わり、その地の動物の中で最も存在感があったのだろう。

ある春、風で港に入り込んだ流氷の上に若いゴマフアザラシを見つけた。目を閉じ、気持ちよさそうに日なたぼっこ。毛皮を乾かし時折頭をかく。そのしぐさはまるで人間のようだ。

思えば、クマもアザラシもトドも、母乳で育つ哺乳類。人以外にも、近隣に姿形のちょっと違う同類がいて、それをカムイと尊ぶアイヌ文化は健全な感じがする。

ところで、雪山を山スキーで登る時、板の裏に貼る滑り止めの〝シール〟が欠かせない。今はナイロンが主流だが、元々はアザラ

シ（英語名シール）の毛皮が使われ、道具の呼び名となった。
ゴマフアザラシの毛皮を丁寧に縫い合わせた本物を頂いたことがある。着けてみると、雪との相性が抜群でよく効き、凍ることもない。ザラメの雪原を毛皮のシールで歩きつつ、少しアザラシに近づけた気がした。

流氷で日なたぼっこする
ゴマフアザラシは
毛皮を着た人間である

ルヲㇷ゚

「水豹（アザラシ）」の題字にアイヌ語でツーカリ、トカリと記した挿絵。さまざまな姿の5頭のアザラシが描かれ、真ん中にひときわ目を引く白い帯の模様が入ったアザラシが踊っていた。

私がこのアザラシを初めて知ったのは武四郎の「知床日誌」だった。「ルヲㇷ゚」とふってある。それがクラカケアザラシだった。

「ルヲㇷ゚」とは「縞がついている」ことを指すアイヌ語だ。英語でリボンシール。なのでリボンアザラシとも呼ばれる。

クラカケの名は、白い帯で縁どられた黒褐色の背中が馬具の「鞍」をかけたように見えるからだ。模様は雄の成獣だけで、雌にはリボンも鞍もない。赤ちゃんは白い産毛で生まれてくる。

動物のデザインは何と不思議なのだろう。いったいどうしてこの模様が生まれ、幾世代に渡って定着することになったのか。

民族による呼び名の違いも面白い。

アイヌ民族の中でも特に、クラカケアザラシのほかゴマフアザラシ、アゴヒゲアザラシが大事な食料だった樺太では、雌雄はもちろん、年齢に応じて細かく区別した呼称があった。それだけ実生活で深く親しまれていたのだろう。

主にベーリング海やオホーツク海にすむクラカケアザラシは、冬は流氷帯で生活し、4月上旬ごろ氷上出産する。氷がとけてしまえば陸に上がることはほとんどない沖合生活者だ。

つまり、北海道で姿を見るのはほぼ流氷が来ている間だけ。流氷が知床岬を回り根室海峡に入っても、4月頃まで残ることが少なく

クラカケアザラシ

Ribbon seal

オホーツク海とベーリング海が
主な生息地。冬は流氷の上で
単独で生活することが多い。
沿岸で見る機会は少ない。

なった今、なかなか出合いづらい
アザラシになった。
　いつか、流氷で生まれた真っ白
いクラカケアザラシの赤ちゃんを
見てみたい。これからそんな機会
がくるだろうか。

冷たい海の恵み

5月末の根室海峡。穏やかな海にぷかぷかと浮かぶキタオットセイに出合った。船が近づいても、珍しくのんびりしている。

水面に現われたヒレは驚くほど長い。人間の腕のようでもあり、ジェット機の翼のようでもあった。そのヒレで巧みにバランスをとって、オットセイは波間を優雅に漂っていた。

一見のんきな姿だが、吐息の白さにはっとする。この海は飛び切り冷たいのである。沖縄の海なら25度にもなるというのに、根室海峡の水面温度はまだ5度前後。うっかり落ちれば命にかかわる。ここでのんびりできるオットセイを、同じ哺乳類としていたく尊敬する。

流氷がとけた後の根室海峡は、オットセイの他にもシャチ、イシイルカ、ミンククジラやマッコウクジラなどの鯨類や、赤道を越えはるばる渡ってくるハシボソミズナギドリの大群でにぎわう。流氷と知床連山の雪どけ水がもたらす栄養を元に、潮目には大量のオキアミや小魚が発生し、それを目当てにさまざまな生きものが集結するのだ。

北からは寒流の千島海流が流れ込み、「親潮」と呼ばれる。南から太平洋を北上してくる暖流の日本海流は「黒潮」だ。

この名称を子供の頃、何度も間違えた。なぜ寒い方が「親」で、暖かく透明な南の海が「黒」なのか——。

長じて知ったのは、カラフルな魚が泳ぐ暖かい海の方が豊潤そうだが実は逆で栄養分は乏しく、透明過ぎて青黒く見えるからの「黒」だということ。

一方の根室海峡は、特に春は濁る。透明度の低さはさまざまなミネラルが溶け込んでいるからで、つまり「栄養たっぷり濃厚スープ」のような海なのだ。それゆえ冷たく塩辛くも、たくさんの生物を育む「親潮」なのである。

キタオットセイ／北太平洋に生息するアシカの仲間。18～19世紀にかけて毛皮目的の乱獲が続き、商業捕獲が規制されている。

キタオットセイ

Northern fur seal

世界最高の毛皮

　ラッコが納沙布岬や霧多布岬付近に居ついている。北方四島方面からじわっと生息地が広がった印象だ。しばらく前の春には、釧路川をさかのぼった一頭が釧路市内の幣舞橋の下で愛嬌（あいきょう）をふりまいた。クーちゃんと呼ばれたあのラッコ、今はどうしているだろう。

　ラッコは北太平洋沿岸に生息する哺乳類。寒冷な海に適応したしなやかな毛皮は世界最高と評され、18世紀後半から20世紀前半、絶滅寸前まで乱獲が続いた。その毛皮に、金や石油、天然ガスに匹敵するまなざしが注がれた時代があった。

　日本の江戸時代中期、ベーリング海峡を確認したロシア帝国海軍のベーリング隊長は、１７４１年の北洋探検で遭難死する。生還した隊員が持ち帰った毛皮は西欧に衝撃を与え、ラッコの災難が始まる。

　アリューシャン列島やアラスカのラッコがとり尽くされ、露、米、英の船が向かった先が幕末の千島列島だ。（アリューシャン列島とアラスカは１８６７年＝慶応３年、ロシアがアメリカに売却！）

　択捉島の北隣のウルップ島は別名「ラッコ島」。優れた航海技術を持つアリューシャン列島の先住民アリュートまでが連行され、徹底的に狩られてゆく。

　２００６年、私は日米露の調査で千島列島を旅した。捕獲が規制され約１００年。幸い生息数は増え、ウルップ島では、嵐の時代を生き延びたラッコの末裔（まつえい）がコンブを体に巻いて、のどかに波間を漂っていた。

　脇の下に隠し持つ石でウニ、カニ、貝を器用に割って食べる。次々と。そのしぐさ、その好物、なんと人間に似ているのだろう。

　現在、日本では「ラッコ・オットセイ猟獲取締法」により禁猟。この法律、１９１２年（明治45年）制定で、今も有効である。ラッコは北洋の歴史も抱えたまま北海道に戻ってきたようだ。

ラッコ／北太平洋沿岸に生息するイタチの仲間。海上で出産する。
絶滅が危惧されたが、道東沿岸で観察されるようになった。

ラッコ
Sea otter

イシイルカ

Dall's porpoise

波乗りイルカ

ともかく撮影しづらいのがこのイシイルカだ。北海道近海の鯨類では最も小さく、体長約2メートル。水面下をジグザグと忍者のように泳ぐ。水族館でおなじみのカマイルカやバンドウイルカのようなジャンプは決して見せてくれない。

小さな頭に丸みを帯びたずんぐり体形。色は白黒の美しいデザインで、初めて見る人からは「シャチの子供みたい」と声があがる。それを何とか写したいのだが、浮上するのは小さな三角の背びれと体の上半分。さらに最高時速55キロという高速の泳ぎに、なかなかついていけないのだ。

深い海を好むイシイルカは、沿岸から一気に深くなる羅臼沖がお気に入りなのだろう。晴れた日にイワシなどを追う姿に出合うと、知床連峰を背に水しぶきがパンパン小気味よく跳ね上がる。それは紺碧(こんぺき)の海に次々と打ち上がる白い花火のようで、つい撮影は諦め、のんびり眺めたくなってしまう。

わずかなチャンスは船の舳先(へさき)に訪れる。イシイルカは高速航行する船の「船首波」が大好きで、特に春先から初夏、舳先について波乗りする時があるのだ。

猛烈なスピードで泳ぎつつ船首の左右に移動し、突如浮上する。必死にその動きを追うのだが、まるで動きの鋭いプロボクサーを相手に素人が翻弄(ほんろう)され続ける感じ。効果的なパンチは一つも当たらず、シャッターを切るたび「雄鶏の尾っぽ」と呼ばれる独特の形をした水しぶきだけが写っているのである……。

イシイルカは、食用として三陸沖や北海道沿岸で「突きん棒漁」が行われている。写真家泣かせのこの素早いイルカを、舳先に立って突くこと自体が驚きだ。

ベテラン漁師に話を聞くと、突いた後にすぐ電気を流して息の根を止めるのだが、それを待っていたシャチにイルカを横取りされることがあるのだという。

イシイルカ／体長約2mのハクジラの仲間。北太平洋南部の深い海域に生息。尾びれは扇形。高速で泳ぎ美しい水飛沫をあげる。

雪中冬眠コウモリ

誰もが暮らしの中でさまざまな動物の気配を通して春を感じるのではないか。それはいわば季節のめぐりを知る「動物暦」。私の動物暦・春の筆頭は、何といっても冬眠明けのヒグマ。その年、初めて出合うクマの足跡ほど強烈に春を感じるものはない。人知れず山の冬眠穴で越冬したあの大きな動物が、ある日、自由に外を歩き出すのだ。

そこに新たな動物が加わった。ある年の4月上旬、「冬眠明けのコテングコウモリを探しに行こう」と研究者の友人に誘われ、近所の雑木林を歩き回った。

雪中で越冬できる哺乳類は世界で北極グマとコテングコウモリだけらしい。体長約5センチ、重さ何と1円玉5枚前後。ロシア沿海地方、サハリン、千島や日本に生息し、北海道では普通種だという。

だが、このコウモリが雪の中から現れた姿を実際に見た人は、世界でどれだけいるだろう。写真で見る限り、まるで雪穴に落ちた小さな茶色い毛糸玉。もしくは、つぶれ気味のマリモ……。

残雪の上を探し歩くうちに、気が遠くなってきた。雪が厚ければ雪の中。絶妙に雪がとけて姿が見えても、覚醒すれば夜には飛び去ってしまう。おまけに枯れ葉や木の実など紛らわしい物が無数に散らばっている。友人は、どこで眠っているか知れぬこの小動物を、春が来るたび10年も探し続けているのだった。

結局その日は見つからず、翌日1人で再探索。道端の林を歩くと、足元の小さな雪のくぼみに目が吸い寄せられた。中にコロンと毛玉が転がっている。見つけた！　よくぞ長い冬の間、凍らずに……。それは、とけ始めた雪の中でひどく無防備で、繊細で、けれど確かな春を感じさせる毛の塊だった。

こんなコウモリが今日もどこかの残雪から現れ、ふと目を覚まし、翼を広げて夜空へ飛び立っているはずだ。

コテングコウモリ／体長約5cm。主に昆虫を食べる小型哺乳類。ロシア東部や日本に生息。森林の雪の中で冬眠する。

コテングコウモリ

Ussuri tube-nosed bat

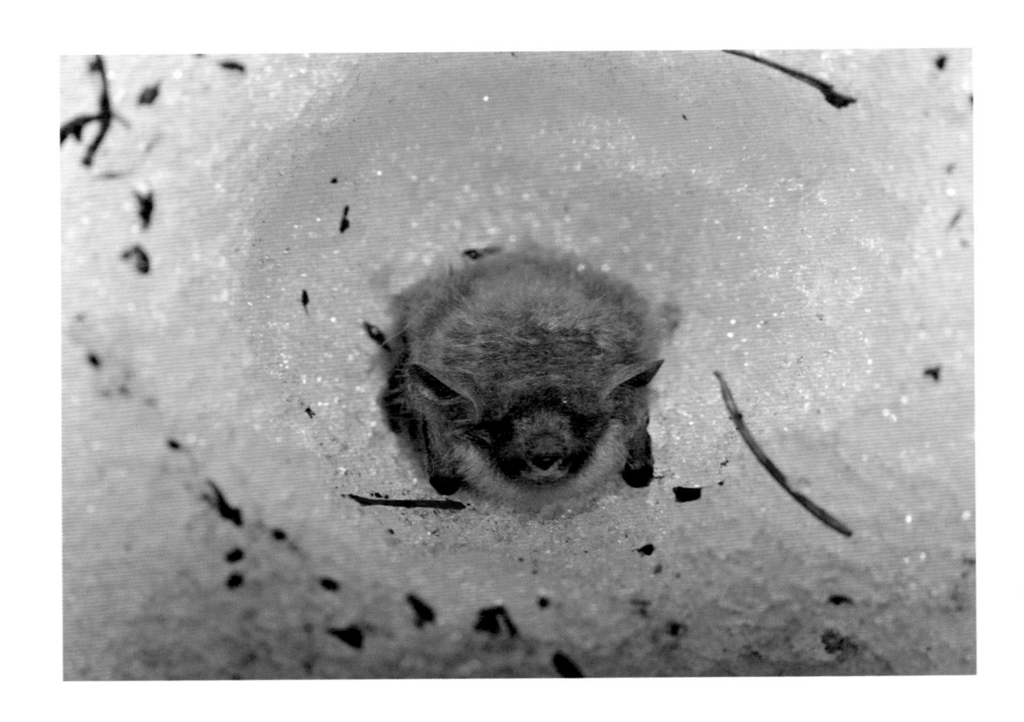

半年に及ぶ雪中冬眠を終え姿を現したコテングコウモリ。凍らない方法を教えてほしい

ハクチョウ

Swan

早春の水田で落穂を探すオオハクチョウとコハクチョウ。食べて食べて北の繁殖地

喧騒の春

4月の空は騒々しい。

早朝、玄関を出たとたん、クワゥ、クワゥ、クワゥと空から声が降ってきた。驚いて顔を上げると、ハクチョウの群れが透き通った青空を羽ばたいている。

一度目にするとにわかに、そこらじゅうに現れる。学校裏の雪どけの進む田んぼ。特急が走る線路の上空。あえて探さなくても、日々の暮らしに白い鳥は飛び込んでくる。

空知地方のわが家は、宮島沼とウトナイ湖を結ぶ線の下あたり。湖沼をねぐらにする鳥たちが、北帰行を前に、近隣の田んぼの落ち穂を求めて飛来する。いわば〝知る鳥ぞ知る〟食堂街なのだ。

車で走りながらふと、アパートや工場の煙突の向こうにハクチョウの一群を見る。ゴマ粒ほどの鳥影がV字になり、ゆらゆら形を変えつつ、軽々と日常の空を越えてゆく。目に見えない糸でつながった群れ自体、強い意志を秘めた野生動物のようだ。

そして毎春、鳥の喧騒（けんそう）に思い起こすのはレイチェル・カーソンの『沈黙の春』（新潮文庫）。「鳥がまた帰ってくると、ああ春がきたな、と思う。でも、朝早く起きても、鳥の鳴き声がしない。それでいて、春だけがやってくる――合衆国では、こんなことが珍しいことではなくなってきた」

米国で長く野生生物を調査した著者が1962年に書いた本だ。合成化学殺虫剤が、虫だけでなく植物やミミズ、魚や鳥などに壊滅的影響を与えること。それが、知らぬ間に地下水を通して広がり、生物の体に蓄積し、やがて人間に返ってくることを鋭く警告した。

それから60年余り。今、日本では化学合成薬品のほかにも、放射性物質やマイクロプラスチックなど懸念は増している。

春が黙った時、目に見えづらい毒の波は、私たちの足元を洗っている。

逃げるクロテン

日差しが降り注ぐ大雪山の裾野を歩いていた時のこと。クマゲラが彫ったような細長い空洞のある大木が目にとまった。

「何かいるかもしれないな」

そう思いつつ木の前で小休止。ついでに草陰でちょっと用を足して振り向いた瞬間だった。さっきまで何もなかった木の穴に動物の顔があり、くりんとした目でこっちを凝視している——。

「見られた」と思った。

ひょっこり現れたのはエゾクロテン。近づいてきた私の足音を穴の中で察知していたはずだ。

やがて足音が木の前で止まり、人間の匂いが漂ってきた……。さすがに外をのぞきたくなったのだろう。春のうたた寝を邪魔してしまったようだ。

『知里真志保著作集』（平凡社）によると、クロテンは、地域によってアイヌ語でホイヌまたはオイヌと呼ばれ、カスペキラ（しゃもじを持って逃げるもの）という変わった呼び名もある。山の神であるクマの料理人という信仰があり、そこからアイヌの家に忍び込んで「しゃもじを盗(と)って逃げるもの」というあだ名がついたのではないかと伝えられる。

木から木へ風のように飛び移るすばしっこさ。愛らしい顔のわりに気が強いこの動物にぴったりな呼び名だと思う。

クロテンはユーラシア大陸に広く分布し、ロシア帝国は高品質な毛皮を求めて、はるばるオホーツク海まで東進してきた。私が通う沿海地方のタイガでは、今もクロテン猟が続いている。北海道にも毛皮需要の波は押し寄せ、クロテンの亜種であるエゾクロテンも乱獲が続き、１９２０年に禁猟となった。

私がそっと離れて安心したのだろう。ほら穴の主人は眠そうにあくびをし､穴に隠れたと思いきや、小さな爪のある足だけ出して､「さよなら」をするように振るのだった。

エゾクロテン／ユーラシア大陸のクロテンの亜種。北海道に生息し、冬も活動する。毛皮が高品質だが今は非狩猟獣。雑食。

エゾクロテン

Sable

春の森でエゾクロテンと目が合う。動物は人間をよく見ている

カツラの洞から四つの目。半分は警戒、半分は興味津々

春めく日ざしに誘われ裏山へ向かう。玄関からスキーで歩き出せるのが山里のいいところだ。初めて入る林のシナノキの根元に、茶色い米粒みたいなものが転がっていた。

モモンガのフンである。こんな近くで越冬していたとは。そこは家の窓からも見渡せる雑木林。他に痕跡はないか見回りつつ、ある春の出来事を思い出す。

日高山脈で撮影した時のこと。山奥の古びた一軒家に立ち寄った。近くに車を停めて山へ入ったり、カメラを首にウロウロするのはかなり怪しい。あいさつしておこう。小柄なおじいさんが出てきた。一瞬、野生動物に似た緊張のまなざし。のち、笑みが浮かび「悪意はない」と踏んだ様子。独り暮らしだという。すぐに打ち解け、山暮らしの話に熱が帯びた。

街から離れて住んでいても人は人恋しいのだろう。

「ある時、薪ストーブの煙突サ急にガサガサして、鳥サ入ったなと思った」「火、ついてなかったんですか」「そんなら焼き鳥だ」

煙突をつつくと何かが落ちた。

「真っ黒い、ちっこいもんが出てきた」

ネズミと思ったが違う。目が身すすまみれだ。びっくりした。

「それモモンガですよ!」「ここじゃ晩に飛ぶからバンドリ(晩鳥)って呼ぶやつだ。おまえ煙突掃除にきたんかって。思ったそばから壁登って飛び回るから、もう家ン中、すすだらけでワヤさ」

おじいさんは歯の抜けた顔をくしゃくしゃにして笑い、その迷子を相棒のように語るのだった——。

裏山からスキーで滑り下りると家の煙突が見えた。思えば薪ストーブを使って10年過ぎたが、一度も掃除をしていない。そろそろやらないと。それとも、探検好きなモモンガが飛び込んでくるのを

強者の明日

新緑に包まれた庭の片隅に、蒼白い影があった。オオタカが草むらで何かを押さえつけていた。ちょうど鳴き始めたカッコウか。気の毒なことに、捕獲された鳥はすでに「生き物」からオオタカの朝の「食べ物」となっていた。

慌ててカメラを向けた直後、視線に気づいたオオタカがバサッと飛び立つ。鋭い爪にはひと回り小さな鳥がしっかり握られ、揺さぶられた拍子に柔らかな羽根が宙を舞った。

一瞬だった。この数日でみるみる伸びたフキノトウ越しに、オオタカの黄色い虹彩と指先、狩る方も狩られた方も似た白黒の体が目に焼きついた。

オオタカの寿命は約11年という一つの報告がある。小鳥を持ち去る姿を見送りながら、このオオタカは、生まれてから死ぬまで何羽の鳥を食べるだろうか、と想像した。

猛禽（もうきん）類は字面からして激しい。事実オオタカも抜群の眼力、飛行力、くちばしや爪など身体すべてが狩猟向きにデザインされている。弱肉強食の強者。食物連鎖のピラミッドなら頂点に置かれるだろう。

けれど、私はその図式をいつもいぶかしんでいる。性質は激しいが、相手との関係は強弱上下ではなく、水平ではないのかと。

私は今まで生きてみて、生きることは他の生命を食べ続けることではないか、と感じている。それが米や野菜、卵や魚や肉であれ。そこからどうにも逃れられないので、いわば生き物の「原罪」だろうと思う。

カッコウも毎日、虫や幼虫を食べ続けている。抱える原罪は一緒。他の生物なしに暮らしが成り立たないという点で、みな同じ立場に並んでいる。そしていつか、他の生物の食べ物になってゆく。

猛禽は、普段忘れているその原理を、時々鮮やかに思い出させてくれる。

オオタカ／カラス大のタカ。名前は青みがかった羽の色に由来。
ユーラシア大陸や日本の森林に生息。樹上で営巣する。

オオタカ

Northern Goshawk

オオタカが飛び立つ。狩った鳥も狩られた鳥も同じだけ胸に残った

空飛ぶ漁師

魚好きの私は、生魚を食べる鳥が仲間に思えて、ついひいきにしてしまう。特にミサゴ。魚ばかり食べるから「魚鷹」と呼ばれる美しい鳥だ。

長い翼。白黒の颯爽としたデザイン。初夏の海辺に立つと、いつのまにかそんな鳥影を探している。上空50メートル近くで停空飛翔したと思えば、急降下して水面に飛び込む。その眼力。度胸。時速100キロを超すというから、間違えばただでは済むまい。実際失敗もするが、諦めずやり直す姿にぐっとくる。激しい水しぶきの後、魚をつかんで飛び立つ姿は不死鳥のよう。

姿は見たことがなくても、「みさご鮨」なら知っている人がいるかもしれない。ミサゴが岩場に残した魚が自然発酵し、「なれずし」のようになったのがすしの始まり——そんな説が江戸の頃からあり、すし店の屋号になっている。

マレクというアイヌ民族のサケ漁に使われる銛がある。鋭く曲がった銛先が魚を突くと反転し、暴れる魚を逃がさぬ鉤になる。サハリンやアムール川中流にも伝わる優れた漁具だ。

これがミサゴの足の指先によく似ている。ミサゴの足には鋭い爪がついた指が4本あり、いわば両足に8本のマレクを携え魚を狙うようなもの。また、猛禽類では普通、前向き3本、後ろ向き1本の指の配置を、前後とも2本に変えて魚をつかみやすくできる。生粋の空飛ぶ漁師なのである。

ヒトは古来、身の回りの野生動物をよく見てまねて、自然界を生き抜いてきた。ミサゴは今、国の準絶滅危惧種。さまざまな動物がいなくなった時、私たちは何をまねて生きていけばいいのだろう。

春、釣り人を見下ろす断崖にミサゴが大きな巣を組み、卵を二つ産んだ。5月に生まれたヒナは雄の運ぶ魚を食べてぐんぐん育ち、ぎゅうぎゅうになった夏、巣立っていった。

ミサゴ／世界的に分布する魚食性のタカの仲間。北海道では夏鳥として南方から飛来する。白黒のグライダーのようなシルエット。

フクロウを育むもの

雨上がりの朝。みずみずしい葉を広げたハルニレの樹洞からエゾフクロウのヒナが現れた。パンチパーマ風の頭にふわふわの体。全身羽毛づくしで防寒は完璧だ。

キョロキョロ外を見回すとついに丸い体を乗り出し、幹を登り始める。爪を頼りにはい上がり、さらに細い横枝へ。ハラハラして鳥の子に向かって「飛び降りちゃダメッ」と言いそうになる。

木の洞を巣に使うフクロウのヒナは、飛行訓練以前にまず洞から外の世界に出るのが第一歩。姿を見せると、目のいいカラスがちょっかいをかけてくる。うまく飛べないうちに墜落し、モタモタすればキツネにさらわれる。ここが巣立ちへの最難関である。

よたよたと枝を渡ったヒナが翼を広げて羽ばたく。バランスを崩して落ちかける。鳥も飛ぶ練習が必要なんだ。

ただ悲壮感はない。生まれついた翼で羽ばたいてみることに、きっと強固な意思などいらないはず。「アレ、翼を広げて動かしているうちに飛べちゃったヨ」というのが実情ではないだろうか。

こんな頼りないヒナも、やがて暗闇を音もなく飛び、俊敏なネズミを捕るようになる。1羽のヒナが生活技術を獲得して生きてゆく道には、個別の努力だけでなく、周りの環境を含んだ大きな「設計図」が隠されている気がする。

この洞は、たまたまハルニレの枝が折れた所に雨や雪が入り、長い時間がかかってできたものだ。

巣になるのは風雪で傷んだり、老いて芯が空洞になった木。「健康優良木」ではなく、むしろ傷ついた木だけが、自分で洞を掘れないフクロウを受け入れ、育むことができる。それさえ設計図通りとすれば、一体誰がそれを描いているのだろうか——。

夏、葉が繁った林は、どこも深い原生林に見える。だが中に入ってみると、いい樹洞のある広葉樹の大木は少ない。

エゾフクロウ／北海道に生息するフクロウの一亜種。平野や山麓の森に棲みネズミやカエルを食べる。洞やトビの古巣を利用する。

エゾフクロウ

Ural Owl

卵の中身

海辺に車を停めて一服する。初夏の根室花咲港。だが車内は日差しで暑くなり、昼寝どころではない。ドアを開けたとたん、海風が冷房のように吹き抜けた。

このヒンヤリ感。海霧の日はもちろん、木陰ひとつないカンカン照りの野外が避暑地になる。夏の道東太平洋側への旅は、東へ向かったはずがコンパスを切り違えて北へ進んでしまったよう。水平に移動しただけで高山の涼しさがおまけについてくる。

釣り人や船を横目に灯台へ散歩した。ぶらぶら歩いていると足元に鳥の巣があり、うっかり卵を踏むところだった。まさに灯台もと暗し。

見渡せば堤防のあちこちにオオセグロカモメの巣があり、親鳥が抱卵している。コンクリートの上にポンと置かれた皿状の巣や草原に浮かぶ揺り籠風の巣。親鳥が留守の巣には、迷彩色の玉石みたいな卵が日を浴びて鎮座していた。

鶏卵より大きく、先が細い。殻の模様は巣に使われた海藻や枯れ草にそっくりで、フンまみれの石！にも見える。うーん「野性の知性」を感じるなぁ。

卵は数字の「0」に似ている。中身がないのか、何が入っているのかはっきりしないのに、殻が割れたとたん物語が始まり、延々と続いてゆく――。

「卵が先か、鶏が先か」という問いも、子供の頃からいまだに私を悩ませる。自然界にはさまざまな謎や驚きがあるが、時代が進み、どんなに科学が進んでも、生物の卵は人知を越えた不思議さを宿し続けるのではないだろうか。

撮影して顔を上げると、無数のカモメがすがすがしい空を舞っている。親鳥の体温が石のような卵に伝わり、やがて殻が割れ、ひなが現れ、空を飛ぶ。その鳥がまた卵を産んで……。散歩道には時々奇跡が転がっている。

〝それはいいけど、早くどいてくれないと卵が冷えちゃうし、次のが産めないッ！〟

オオセグロカモメ／アジア東部に生息するカモメの仲間。雑食で海辺の掃除屋的な存在。2～4個の卵を産み雌雄交代で抱卵。

オオセグロカモメ

Slaty-backed Gull

知床では時々クマの食料になる

コノハズク

Scops Owl

闇からの声は届いても姿を見ることは少ない

アカショウビン

Ruddy Kingfisher

声のブッポウソウ

旭川に住んでいた頃、夏の夕暮れは郊外の森へ出かけ、ある鳥の声を聴くのが楽しみだった。

ブッ、キョ、ホー。

ブッ、キョ、ホー。

広葉樹の森が真っ暗になると、どこからともなく規則正しい鳴き声がする。

「声のブッポウソウ」と呼ばれるコノハズクだ。

一度耳にすれば不思議と口ずさみたくなるリズム。姿が見えない分、闇の声は夏の森の精気が音になり、胸に染みわたるように響いてくるのだった。

その声を日本人は「ブッ、ポウ、ソウ」と聞きなし、平安時代以来「仏法僧」と呼んだ。だがややこしいことに「姿のブッポウソウ」、つまり分類上のブッポウソウは別にいる。くちばしと足は真っ赤、羽根が青緑に輝く、見栄えのする鳥である。

「声のブッポウソウ」の正体がわかったのは1935年（昭和10年）、ラジオでその声が流れたのがきっかけといわれる。放送を聞いた人がその声の鳥を探して銃で撃ち落とし、小さなフクロウの仲間、コノハズクだと判明したのだ。「声のブッポウソウ」の主は、千年にわたり謎めいていたのである。

もっぱら闇の声を楽しみ、探すのは諦めていた私だが、一度だけ昼の森でコノハズクに出合った。羽衣は、イタヤカエデの樹皮を借りたような見事な保護色。そして私に気づくと、その体が突然、きゅーっと細く半分になった。息をのんだ。限りなく魔法に近い変わり様だった。

写真や映像とはある意味「声のブッポウソウ」を「撃ち落とし」、明るみに出すものだ。不明だった物事の姿形が鮮明になる一方で、「わかった気になる」分の想像力を奪ってしまう面がある。せっかくなら想像が膨らむような写真を撮りたいなぁ……。

この夏は久しぶりにコノハズクの声に耳を傾けてみよう。

コノハズク／北海道には夏鳥として森林に飛来する。目の虹彩は黄色で、やや大きなオオコノハズクはオレンジ色。

雨に鳴く鳥

キョロロロー。

雨上がりの川辺に軽やかな鳥の声が響く。喉の奥に小さな鈴でも隠しているような音色。鳴いたかと思えば木々の合間に吸い込まれ、声の主がどこにいるのかわからない。

ひと雨降った森は、しっとりとした空気に満たされている。

オニグルミが「生き返った」とでもいうように新緑の葉を広げ、緑でぎゅうぎゅうの空間に水にぬれた黒い枝が交錯する。どこにいる?

目であちこち探索するうち再びのさえずり——。

見つけた。そして声の主にたどり着いた瞬間、その赤い塊にくぎ付けになる。

アカショウビン。初めて出合った時、こんな色の鳥が森に「生きている」のが信じられなかった。

「しょうびん」とはカワセミやその仲間を指す言葉だ。川の宝石と呼ばれる青と橙（だいだい）のカワセミも白黒のまだら模様のヤマセミもおしゃれだが、全身真っ赤なアカショウビンの姿は鮮烈だ。くちばしの滑らかな艶は漆塗りの工芸を思わせる。よく見ればおなかのあたりはコバルトブルー。翼や尾は紫がかった光を放つ。野生の造形は何と大胆かつ繊細なのか。同じカワセミ科でこれほど色が違うのも不思議でならない。

朝夕や曇天、そして雨の日によく鳴く。私は雨が嫌いではない。カンカン照りの快晴より野辺は潤い、草木は深く呼吸して、その中を歩いてぬれるうちに、自然の中に溶け込んでゆく気がするからだ。

わが家は水道がなく、生活は井戸水が頼り。雨が降ると地下の泉がじわじわと満たされるようでうれしい。だから雨が降り、アカショウビンが鳴く日は幸運の日。

北海道には夏鳥として渡来するが、近年は目撃が減った。南方の繁殖地だけでなく旅路全体の環境が心配だ。夏の雨の日はアカショウビンの歌声を聴きたい。

アカショウビン／水辺の森を好むカワセミの仲間。雌雄同色。北海道には夏鳥として南方から飛来する。

エゾゼミ

Dog-day Cicada

おめでとう、幸運な空の旅を

ミヤマクワガタ

Miyama stag beetle

夏の林で宝物を見つけた。気温が上がったらもっと深山に向かうのか

エゾゼミの生き方

絵日記が苦手な子供だった。絵だけならまだいい。「朝顔が咲いた」も何とか。どんな気持ちなのか、の一言が書けない。文字にしたとたん全部うそのような気がして止まってしまう。

曖昧な感情を文字化する語彙(ごい)もなく、ただ遊び、眺めるだけで満足だったのだと思う。今も大差なく、そうして避け続けた宿題を、写真コラムで片づけている気がする。

酷暑が過ぎた雨上がりの朝、ミンミンゼミが鳴いた。ミィーンミンミンミンミィー。いや、耳を澄ませば、もっと複雑な声で鳴いている。いまだこんな文字にしか置き換えられないのが悔しい……。

見事な鳴きっぷりは、その日限りでぴたりとやんだ。1週間過ぎても後続なし。気温や天気によるのか、飛び去ってしまったのか。思えば幼なじみのはずのミンミンゼミのことを、鳴き声以外ほとんど知らない。

ある年の7月末にエゾゼミが大発生したことがある。土から湧き出した幼虫が裏の林のいたるところで草木にしがみつき、次々と羽化していた。地上に出て脱皮し飛び立つまでが、鳥などに狙われる最も危険な時間だ。

脱皮後は二度と戻ることのない抜け殻と、羽根を得た初々しいセミが並ぶ姿に「一生に一度の儀式だな」と思った。その夏はジーッと抑揚のない、うなるような雄の声が響き渡った。

エゾゼミは枯れ木や樹皮の裏に卵を産む。幼虫になって土に潜り、3～5年、暗い地下で木の根の養分を吸って過ごすという。実際どこでどう生きているのか、いつ出てくるのか、地上ではまったくわからない。

捕まえると短命でも、自然界では羽化してひと月ほど生きられる。そのわずかな最後の地上生活さえ、ほとんど中身を知らない。

宿題が終わらない。

エゾゼミ／全長6cmほど。北海道では平地に、本州では冷涼な山地に生息する。木に下向きにとまり、よく午前中にギーと鳴く。

憧れのミヤマ

この夏は蒸し暑かった。お盆前もその後の台風前夜も。窓を開けていたせいか、セミとカエルの声が耳に響いた。夜が更けてもなま暖かい空気に、高校まで過ごした埼玉の夏を思い出した。

高校は「熱風の交差点」といわれる熊谷にあった。朝からカーッと暑く、晩までずっと、つまり一日中暑い。それがお盆を過ぎても続く。

夏の関東の盆地には、熱気という猛獣がすんでいた。子供の頃、風のない夏日は「光化学スモッグ注意報」が出て、目や喉が痛くなった。

夜は鈴虫の声と蚊の羽音。蚊帳(かや)をつって寝た。猛暑と湿気と大気汚染と虫の音が混ざった激しい夏だった。

なま暖かい晩、よくカブトやクワガタを捕りにいった。場所は近くの雑木林や電灯の下。カブトはひと種類だが、クワガタはノコギリクワガタ、ヒラタクワガタ、コクワガタの3種が捕れた。

ノコギリは赤みを帯びた体で角が大きい。指で捕らえた瞬間、小学生を有頂天にさせる魅力が凝縮していた。

そして当時どうにも残念だったのが、それをさらに進化させたような格好いいミヤマクワガタが、近所のどこを探しても見つからないことだった。ミヤマはその名の通り平地にはおらず、秩父など深山にいる憧れのクワガタだったのだ。

初めて北海道を旅した高校3年の時、感動したのは夏のあまりの爽快さだった。空の広がりも空気も違った。そして憧れのミヤマが、平地の雑木林に、当たり前の顔をしてすんでいた。

いつの間にか北海道に来て30年が過ぎた。深山のような涼しい夏に魅了され続けてきたのだと思う。

いつまでも、近所の木を蹴るとミヤマが落ちてくる北海道であってほしい。

ミヤマクワガタ／一部の離島を除き日本全土に分布。温暖な地方では山間部に普通に見られる。雄の頭部にある突起が特徴。

深いトドマツの森にクマゲラの声が響く。利尻島の森林浴

キセキレイ

Grey Wagtail

尾羽の扇子が苔むした倒木をあおいでいる。然別湖の森林浴

森の主

キョーン、キョーン。
テントの中でまどろんでいると、クマゲラの澄んだ声が響いてきた。最高のモーニングコールだ。

早朝の利尻北麓野営場。前日ここから鴛泊（おしどまり）コースで利尻山に登り、夕暮れに西側の沓形（くつがた）へと下りた。山頂目前で濃霧に覆われたものの、2時間待つと晴れ上がった。おかげで無事に山の撮影が終わった。

稚内沖にそそり立つこの鋭峰はとにかく天気読みが難しい。快晴予報でも山頂は雲がかかりやすく、風がつけばまともに立っていることすらできない。その分、晴れた頂から見下ろす花の谷や紺碧（こんぺき）の海、そこに浮かぶ礼文島の風景は強く胸を打つ。わずかな好天を拾って、利尻ならではの絶景に出合えるか。島に渡ると、山の撮影が済むまで気が休まらないのである。

こんな朝はテントでまったりしたいが、薄い布越しに届くクマゲラの声に誘われ、もぞもぞと寝袋を抜け出した。

利尻山に向かう時はつい山頂まで登ることに気を奪われる。行きは急ぎ足で進み、帰りはくたくた。早く下山したい。だがその往復で通り抜ける裾野の森が、とてもいい雰囲気なのだ。

海風に耐えた太いトドマツ、エゾマツが林立し、ダケカンバが曲がりくねった枝を広げる。山に降った雨雪が湧き水となって流れ出している。深い森にすむクマゲラの濃い気配がする。

絶景の山頂と違い展望は利かないけれど、じつに落ち着いたたたずまいで身を包んでくれるのである。そしていつも後ろ髪をひかれる思いで、この森を通り過ぎてきた。

テントを離れ、鳴き声を頼りにゆっくりと森を歩いた。コロコロと軽快な声。黒い鳥影が木立をよぎる。

苔むし、枝の折れたトドマツに、利尻の森の主のようなクマゲラがいた。

クマゲラ／ユーラシア大陸に広く分布。日本のキツツキ類で最大の種。全長約45cm。雄は額から後頭部まで、雌は後頭部のみ赤い。

野生のリズム

湖畔の森に張ったテントは夜露にぬれていた。そっと出入り口のジッパーを開け、朝の冷気の中、エゾマツの木立を抜ける。然別湖北岸野営場。

　水辺に立つ。透明感に満ちた景色に思わず深く息を吸い、ゆっくり吐き出す。

　大雪山東部、標高８１０メートルの然別湖は、北海道の湖で最も高い場所にある。いわば空に一番近い湖だ。周囲を南ペトウトル山、天望山、東ヌプカウシヌプリなど１２００メートル前後の火山が囲む。湖畔の針葉樹林や北から注ぐヤンベツ川の流れ。周囲13・８キロの小振りな湖には、野生の生命力を秘めた北方的な気配が漂っている。

　数年前の暴風でキャンプ場の森もだいぶ大木が倒れたが、それさえ人の思惑とは離れた自然の素顔を見るようでいい。湖を形づくった最後の火山活動から約１万年を経て、今の風景ができたといわれる。ここには慌ただしい日常生活のリズムとは違う時間が、確かに流れている。

　ぼんやり水辺にたたずんでいると、一羽のキセキレイが水面を横切り倒木に止まった。チチチッ。細かな鳴き声に合わせて尾羽がせわしなく上下する。一瞬、倒木にとけ込んで見失っても、その動きが空気を乱して居場所を教えてくれる。釣り名人が渓流の木や岩になりきって気配を消すのを「木化け」「岩化け」と呼ぶが、じっとしていられぬキセキレイには難しそうだ。

　倒木には緑の苔がはえ、ヤナギの幼木が育っていた。どこからか種が流れ着いたのだろう。それまで気を留めずにいた湖面の一角が、急に違う光を帯びたようだった。キセキレイのせわしない動きが、倒木に流れる緩やかな時間をむしろ鮮明に見せてくれたのだ。

　広い湖面に飛び出した倒木は、小さな生きものたちのよりどころだった。それはどこか、私たち自身の姿に似ている気がした。

キセキレイ／北海道では夏鳥として飛来し、渓流や水辺を好む。
尾を上下に振る癖がある。飛んでいる虫をパッと跳んで捕る。

エゾシマリス

Siberian chipmunk

コバナアザミを齧る。ロシアの森では「小さなトラ」と呼ばれる

ナキウサギ

Northern pika

コケモモを齧る。北海道の山では「岩場の哲人」と呼ばれる

高山で生きる

夏の終わりに羊蹄山に登った。山の記憶は不思議なもの。前に登ったのは4年も前。なのにそんな月日がたったとは思えぬほど道の様子を覚えている。何度も登っているので記憶が累積し、心身に染みついているのだろう。

南側、真狩村の登山口からひと登り。4合目に着くと、見覚えのあるダケカンバの大木があった。顔なじみの山の「住人」が健在なのがうれしい。

そしてこの季節、山道でよく出合うのがエゾシマリスだ。突然やぶから出てきて道案内するように跳びはねてゆく。ふさふさの尻尾がリズミカルに揺れる。私がキツネなら、おなかがすいていなくてもつい追いかけてしまいそうだ。

避難小屋のある9合目の上で昼食にした。食パンに家の畑のトマトとキュウリ、隣の農家さんのおいしいニンニクをスライスしてチーズを挟む。それを頬張ろうとした時、カサコソ音がしたかと思うと、目の前のコバナアザミの花が揺れ、シマリスがよじ登ってきた。枝が折れるほどたわむのも、私がいるのもお構いなし。咲き終えた頭花を選んでは器用にもぎ取って食べ始めた。

冬ごもりするシマリスは、雪が積もる前にできるだけ草木の実を食べ、口いっぱい詰め込み、せっせと巣穴に運ぶ。

ここは標高1700メートル。道内でも雪の早い場所だ。急いで確実に、冬を越せる食料を貯蓄しなければならない。すでにダケカンバ帯を越えた森林限界で、辺りにはハイマツが広がっている。高山の動物にとって（私にも！）、ハイマツの実は栄養価の高い大事な食料なのだが、アザミの脇に広がるハイマツに、今年はほとんど実がついていない。

ひとしきりアザミの花を渡り歩くと、シマリスは姿を消した。私にはサンドイッチがあるが、このリスにはこの山こそがレストラン兼食料庫なのだった。

エゾシマリス／ユーラシア大陸北部に分布するシマリスの亜種。北海道では平地～高山まで生息。巣穴に貯食して冬ごもりする。

郵 便 は が き

料金受取人払郵便

札幌中央局
承 認

2337

差出有効期間
2024年12月31
日まで
(切手不要)

0 6 0 - 8 7 5 1

672

(受取人)

札幌市中央区大通西3丁目6

北海道新聞社 出版センター

愛読者係
行

お名前	フリガナ	性 別
		男 ・ 女
ご住所	〒□□□-□□□□ 都道府県	

電 話 番 号	市外局番(　　　　) －	年 齢	職 業

Eメールアドレス	

読 書 傾 向	①山 ②歴史・文化 ③社会・教養 ④政治・経済 ⑤科学 ⑥芸術 ⑦建築 ⑧紀行 ⑨スポーツ ⑩料理 ⑪健康 ⑫アウトドア ⑬その他(　　　　)

★ご記入いただいた個人情報は、愛読者管理にのみ利用いたします。

愛読者カード　伊藤健次の北の生き物セレクション

本書をお買い上げくださいましてありがとうございました。内容、デザインなどについてのご感想、ご意見をホームページ「北海道新聞社の本」の本書のレビュー欄にお書き込みください。

このカードをご利用の場合は、下の欄にご記入のうえ、お送りください。今後の編集資料として活用させていただきます。

＜本書ならびに当社刊行物へのご意見やご希望など＞

■ご感想などを新聞やホームページなどに匿名で掲載させていただいてもよろしいですか。（はい　いいえ）

■この本のおすすめレベルに丸をつけてください。

高（　5・4・3・2・1　）低

〈お買い上げの書店名〉

都道府県　　市区町村　　書店

岩場の住人

大雪山に初雪が降った9月、然別湖の森を訪ねた。十勝平野から望むトムラウシ山の山頂が白い。この秋初めて見た新雪がうれしかった。

然別湖の近くには駒止湖、東雲湖という小さな瞳のような湖が点在する。澄んだ水辺を針葉樹の森と岩場を抱いた山々が包み込む。北国らしい静謐(せいひつ)な空気感が好きで、季節の変わり目になると訪ねたくなる場所だった。

とある岩場に向かうと、森の様子が一変していた。台風で根から倒れたアカエゾマツが苔むした林床に累々と横たわり、風の激しさを物語っていた。

目を凝らせば、倒木の陰になった苔の合間に直径5センチほどの穴があり、傍らに茶色の仁丹のような粒々がちょこんと積み重なっている。

ナキウサギの巣穴とフンだった。元気にしているんだな。木々が倒れても、岩場の「住人」が変わらず生活しているのにほっとした。やがてピキーッと聞き覚えのある甲高い声。ナキウサギの声が響き渡った。

ナキウサギは今より地球の気温が低かった氷期、海水面が下がり大陸とつながっていた時代に北海道に分布を広げたといわれる。

約1万年前に最終氷期が終わり気温が上がると、ナキウサギは寒冷な土地を求め、高山や冷涼な風が流れる「風穴地帯」の岩場に逃れて生き延びてきた。

近年、地球は温暖化が懸念されている。今の生息地以上に北海道の山野で寒冷な場所は見当たらない。引っ越し先のないナキウサギは、この変化に適応していけるだろうか。

季節の移ろいは、変わらず巡り来るものと、変わってゆくものの両方を鋭敏に感じさせてくれる。谷を挟んだ山のダケカンバが夜の寒気で黄葉し、あかりをともしたようだった。

ナキウサギ／北海道の高山や冷涼な森の岩場に局所的に生息。
草や地衣類を好み、軟便を食べる習性がある。冬眠しない。

エゾオコジョ

Ermine stoat

この小獣に向き合うと、自分がひどく鈍重な生物に思えてくる

キタキツネ

Red fox

広い大雪山で若い一頭に会う。その影にエゾオオカミが重なり目が離せない

岩場の忍者

エゾオコジョの撮影をしようと準備していた時だ。「北アルプスでオコジョに会ったよ。動画送るね」。本州の姉からさらっとメールがきた。

スマホで撮った岩場の隅に一瞬、小さなオコジョの影。あとはブレた画面と「速いっ、隠れた」という興奮した声ばかりなのだが、それがまさに忍者のようなこの小獣を物語っていた。

うらやましく思いつつ、紅葉した大雪山の稜線（りょうせん）へ向かう。エゾオコジョは体長25センチほどのイタチの仲間。本州のオコジョよりやや大きいらしいが、実感するほど見た覚えがない。突然現れては写真一枚撮るのにもてんてこ舞いする。悩ましい動物なのだ。

ひと晩中の強風でテントが裂けそうな夜が明けた。一日待つつもりで、オコジョがいそうな近くの岩場に座り、ひとまず歯を磨く。キッ。鋭い声に振り向けばオコジョ。そんな……。歯ブラシを放りカメラを手にした瞬間、体を水平に伸ばして飛ぶように逃げた。口にはネズミ。間に合わず……。

これが野球なら、最高のチャンスでの見逃し三振。膝が折れた。だが逃げ込んだ岩場をぼうぜんと眺めていると、再び顔をのぞかせるではないか。隠れては現れ、隙を見て元いた岩場へ走る。まさかの3度目に、やっと手応えがあった。

めったに姿を見せないはずが、なぜ何度も同じ場所に来るのか？首をかしげつつ歯ブラシを拾おうと動いた時、分かった。また岩場を走り出たとたん、地面に落ちていたネズミをくわえて持ち去ったのだ。最初に私を見て慌てたオコジョは逃げる途中、早朝の狩りで得た大事な食料を落とし、それを回収したかったのだ。慌てん坊に感謝。

そろそろエゾオコジョが真っ白い冬毛に毛替わりする季節だ。朝日を映す澄んだ瞳には、冬の気配が漂っていた。

エゾオコジョ／北半球に分布するオコジョの亜種。山や森の岩場に棲みナキウサギやエゾシマリスを捕食する。冬は白毛に替わる。

野生の自由

層雲峡から大雪山の黒岳に登り出すと、にわかに天気が怪しくなり、冷たい雨が降り出した。やがて雹（ひょう）。小さな氷の塊がパチパチと体に当たっては乾いた音を響かせる。山頂に飛び出せば、休憩する気もおきない強風である。

久々の紅葉最盛期の大雪山。

予報では好天のはずが……。秋の空は気まぐれだ。黒岳山頂から黒岳石室までの間は「魔の800メートル」とも呼ばれる風の通り道。注意していたのに突風にあおられ、一瞬で重いザックを背負ったまま倒されてしまった。

ついた手の下にはウラシマツツジの真っ赤な紅葉。はっとして見渡せば、色とりどりの紅葉が幾重もの波のように山肌を染めていた。

植物たちの強いこと。大雪山の高山帯は標高約2千メートル。本州の高山より千メートルほど低く、風景は一見穏やかだ。けれど実際は、緯度の影響で北極圏のツンドラに近い気候と植生である。強風で冬は雪も積もらぬ稜線に高山植物は根を張っている。寒かろうが風が強かろうが、ここに適応してきたツワモノたちの居場所なのである。

寒い夜が明けた稜線は初冠雪だった。熱いお茶を飲み、雲が切れるのを待つ。日差しでみるみるあたりの雪が消えてゆく。紅葉の撮影地を探し登山道を行き来すると、キタキツネが現れた。寄ってきたのかと思いきや、人には無関心。ハイマツの間を風のように駆け回ってはバッタを捕ったり、クロマメノキの実を食べたりしている。

その姿が自由で、すがすがしい。国立公園という枠の中で、歩く道さえ限られる人の不自由さに比べ、野生のキツネの何と自由なことだろう。どこを歩こうが、いくら虫や木の実をとろうがお構いなしである。ふいに一頭のキツネと周囲の秋色の山肌がぴったり重なって映り、ここの地主は人じゃないな、とつぶやいた。

キタキツネ／北半球に分布するアカギツネの亜種。北海道、サハリン、千島列島の海辺から高山に広く生息。雑食。冬眠しない。

チゴハヤブサ

Eurasian Hobby

ニジマス

Rainbow trout

1920年に支笏湖に移入され百年で全道に拡散したつわもの

狩る力

頭の後ろで風を切り裂く音がした。振り返ると、一羽の小振りな猛禽が猛烈なスピードでダケカンバの樹上を飛び去っていく。寒気が抜けた蒼穹(そうきゅう)の空を、思い切り投げたブーメランが飛んでいくようだった。

10月1日。大雪山東部の小高い山に登る。眼下には色づく十勝平野。その奥に綿雲をまとった日高山脈が波打ちながら続いている。あまりに気持ちよく、山頂の岩場に寝転がって空を眺めた。

タカの渡りの日に当たったらしい。樹林越しに次々と数羽のチゴハヤブサが現れては弧を描いて飛び交い、近くを通るたびビュッと風切り音が響く。ハヤブサの飛行ショー。あまりの速さに撮影もままならないが、写真には鋭い爪で小鳥をがっちりつかんだものもあった。チゴハヤブサはその獲物で体力を蓄え、冬前に南へ渡っていくのだろう。

広大な空や山野で小動物を見逃さない鋭い視覚。強くカーブしたくちばしと爪。激しい飛行を可能にする筋力。洗練された美しい翼――。多くの鳥の中でも、体の隅々まで狩りのためにデザインされているのがハヤブサの仲間だ。

その狩猟能力を称賛しつつも、ひたすら相手の息の根を止めて生きてゆく猛禽の宿命に、かなしさも感じてしまう。そして、野生の生きものが他の生きものを捕食する姿を目の当たりにし、自分は同じ自然の中でどこに立っているのだろうと考えさせられる。

小鳥を狩って激しく生きるハヤブサも、寿命がくれば他の生きものの糧となり消えてゆく。そう思うと、自然の中で狩るものと狩られるものの違いは、あってないような気がしてくる。

高い空を行き交うチゴハヤブサのブーメランは、自分で飛んでいるというより、もっと大きな自然の力で空に放たれ、獲物を追っているように思えてくるのだった。

チゴハヤブサ／ハヤブサより小さいことから「稚児隼」。アイリングと嘴の上の蝋膜が黄色い。北海道には夏鳥として飛来する。

虹色の魚

都幾川（とき）という名を久々に聞いた。台風19号で故郷の埼玉も大雨となり、ニュースで「都幾川氾濫」と知り驚いた。釣り好きの子供の頃、一番お気に入りだった川。穏やかな清流の印象しかなかった。

家の近くには荒川が流れ、名前の通り大雨の度に暴れた。よく父と様子を見に行き、河川敷まで増水した濁流にどきどきした。考えてみれば、やや離れた都幾川には釣り日和にしか出かけなかったのかもしれない。

近所の川や荒川沿いの三日月湖で釣れるのはマブナ、ヘラブナ、コイやナマズなど。だが水がきれいな都幾川ではオイカワという美しい魚が釣れた。通称ヤマベ。15センチほどの小魚ながら、吸い込まれそうな虹色をしていた。

水中の石をめくって捕った川虫を針にかけ、浅瀬に振り込む。自分も水に入り、川底を足でかき回す。すると川虫が流れ散り、それに寄ってきたオイカワがブルッとかかる。

夕暮れの河原の匂い。手先から頭の芯まで響く生きた魚の弾力感。家で丸ごと天ぷらにするうまさ——。子供の頃の川が、いまだに胸に流れている。

秋。霜がおり、里が色づくと、無性に釣りがしたくなる。川魚が食べたくなる。

増毛山地の撮影の帰路、いい流れに誘われ竿（さお）を出した。毛バリに上がってきたのはニジマス。私は下手な釣り師なので、警戒心の強い山女魚（ヤマメ）!はなかなか釣れない。というか、北海道の川の広範囲に、移入種のニジマスが居ついているのを釣りで実感する。最上流にすむオショロコマの下流にニジマスが迫っている感じ。1匹釣れると、その後もニジマスばかりである。

手にした虹色の魚を見て、オイカワの姿が頭に浮かんだ。いつの間にか水が冷たい。川辺で水音を聴き、ただ釣りをする。それはなんと平和な、ありがたい時間だろう。

ニジマス／外来のマス。養殖も行われる。天然魚はカムチャツカ半島から北アメリカ西海岸に分布。降海すると大型化する。

キバラヘリカメムシ

Kibara-Herikamemushi

紅葉したコマユミにこれほど似合う虫はいない。自分でも知っているのだろうか

ホシガラス

Spotted Nutcracker

残りはどこに隠そう？　大雪山の絶景テラスにて

枝葉を吸う

雪虫が舞い、あれよという間に初雪の北海道。山の紅葉や森で輝くラクヨウキノコ（ハナイグチ）。栗に筋子に街ゆく人のだいだい色のセーターにさえ、目がいってしまう。

薪ストーブに火を入れる。ぼんやり炎を見ていると、ブーンと音がしてランプにカメムシがとまった。人も虫も「暖色」に吸い寄せられる季節だ。

庭のコマユミの深紅の葉にカメムシがいた。背中からお尻にかけて暖かみのある黄色。そこに点字のような小さな星二つ。

キバラヘリカメムシだ。

漢字で黄腹縁亀虫。ヘリカメムシの仲間で、幼虫は独特の色合いをしている。脚は黒いロングブーツ？　北海道のカメムシの中では、かなりおしゃれな一族である。

しかもすみかはニシキギ、コマユミ、マユミやツルウメモドキなどニシキギ科の木。どれも紅葉が鮮やかで、かわいい実のつくものばかり。

中でもコマユミの紅葉は数ある樹木の中で指折りの鮮やかさ。夏の終わりから真っ先に深紅に染まり、秋には橙赤色の小さなランプのような実がつり下がる。これから雪が降り出すと、さらに存在感を増してくる。キバラヘリカメムシは、そんな木の枝葉の液を吸って生きている。

カメムシを見ると、子供のころ玄関で飼っていたスズムシを思い出す。かたや鈴の音を響かせ大事にされ、かたや「屁っこき虫」「臭虫め！」と叫ばれ、部屋に入ればたたかれる。虫にとっての「対人関係」は何と切ないものだろう。

私はこの虫を見つけるとつい「黄・腹減り亀！」と呼んでしまう。私が腹をすかしている証拠か。

そしてそっと匂いをかぐ。

ほんのりとさわやかな青リンゴの香りがする。

信じられない方は、ぜひこの秋お試しを。

キバラヘリカメムシ／体長約1.5センチ。ヘリカメムシの仲間で日本全土に生息。ニシキギ科の木の葉や果実を食べ成虫で越冬する。

秋の忘れ物

紅葉最盛期の大雪山緑岳。ダケカンバの黄、ウラジロナナカマドの赤、ハイマツの緑が鮮やかに山肌を染めあげる。こんな秋の日は、どこまでも続く色彩の波に飲み込まれていたい。

そこに鳥影ひとつ。ホシガラスだ。体に星のような斑点がある高山のカラス。ガーガーとしゃがれた声も愛嬌に思えるお気に入りの鳥だ。

色の波間をすいすい渡ってはハイマツに止まり、松ぼっくりをもぎ取る。一つくわえたかと思うと大きな岩に飛び降り、つついて食べている。横にはいくつもの松かさ——。

いい場所見つけたなぁ。

ホシガラスは決まったところで餌を食べる習性があるが、この鳥が選んだのは、紅葉の名所緑岳でも随一の絶景テラス。ぜいたくなカラスである。

さらにホシガラスは食べ切れない実をあちこち隠しておく癖がある。「貯食」して、後で食べるつもりなのだ。

隠し場所を忘れずにいられるのだろうか？　広大でどこも似たような高山帯の片隅に、ハイマツの実を1粒ずつ埋める姿を見ると、私は心配になる。

そして亡き母を思い出す。

母は60代でアルツハイマー病をわずらい、数年のうちに記憶を失っていった。

玄関はどこにあるのか。目の前にある「靴」にはどんな意味があるのか。肩を抱いている家族はいったい誰なのか——。すがすがしいほどの忘れっぷりだった。

思わぬ場所から思いがけぬ物が次々と発見される。そこには、働き者で自分のためにほとんどお金を使わなかった母のお金もあり、ホロリとさせられた。

高山の紅葉がひときわ輝いて映るのは、傍らに緑のままのハイマツがあるからだ。その中には、ホシガラスが忘れた実が芽吹いた木があるかもしれない。

ホシガラス／全長約35cm。ユーラシア大陸に広く分布。日本ではハイマツ帯でよく見られる。「星鴉」の名は体の白斑模様から。

真冬のホッチャレ

空からオジロワシのかん高い声が降ってくる。
千歳川上流の森。軽く雪の積もった水辺には、シカとキツネの足跡が続いている。豪雪の岩見沢で雪に圧迫される身には、動物たちのざわめきがうれしい。
木漏れ日で川底の石やカワシンジュガイが透き通って見える。太い魚の群れが揺らめく。サケだ。千歳川には真冬でも上流の産卵地へ向かうシロザケがいる。広大な北太平洋で育ち、母なる川を探しあてて故郷の森へ回帰する、野生サケの最終ランナーである。
私の影に身を翻し、水しぶきがあがる。まだ全身にバネのような弾力がみなぎっている。そのすぐ脇に、ぴくりともせず横たわる雄サケがいた。
カッと見開いた目。海にいる時より鋭い歯と曲がった鼻先。ブナ毛と呼ばれる婚姻色の体には氷が張り、水面に映る冬の森に同調するかのよう。
静かで厳かな姿だった。見渡せば、あちこちに産卵を終えたホッチャレが転がっている。どんな生物も、息絶えた姿には悲しみが漂う。だがこれは決して残念な風景ではない。むしろ野生魚としての一生を全うした「完全な風景」ではないだろうか。
川底に卵で産み落とされてから成魚として戻ってくる約4年の間、周囲には常に捕食者がいる。海や川は変化し、魚道のないダムで産卵地にたどり着けないものもいる。サケが故郷に帰還する長い旅の途中には計り知れない岐路があり、そのすべてをクリアしてこそのホッチャレである。
6年前の冬にもここを訪ねた。

いま目の前にいるのは、その時に見たサケの次かまた次の世代である。日々思いがけぬことが起こる世界で、この湧水の染み出す森を起点にサケの生命が引き継がれている。
　1匹のサケに救われる思いがした。

サケ

Chum salmon

北太平洋に生息し、海で約4年過ごした後、母川回帰して産卵する。日本では主に北海道と東北の川に遡上。人工孵化事業が進む。

古木にて

古い手帳を見返す。昨年はいつどこに行ったか、何に夢中だったか、ページを開けば一年の出来事が一目瞭然。それ以上でもそれ以下でもなく、自分の過ごした一年が手帳一冊にすっぽり収まり、どこか木の年輪に似ていると思う。昨年の今頃は十勝地方を訪ねていた。例年通りのこと、動物探しと言いつつ、連日雪の空知地方から青空の十勝へ逃げ出していた。

日勝峠を越え十勝平野に入ると、広い農地に圧倒される。そこに回廊のような防風林のほか、カシワやミズナラ、ハルニレなど風格ある大木が点在する。

帯広周辺の公園や神社にも古木が残る。野生動物にとっては、いわば食料と逃げ道と隠れ家がそろった大地ともいえるだろう。そして大胆な開拓の分、１６０年前の北海道命名よりずっと前から立っている古木のすごみが際立つ。その間、木は一歩もその場を動いていないのである。

早朝、ある神社でエゾリスが駆け回っていた。やがてミズナラの大木に飛び移りウロウロ。その先の洞に、白いダルマのような物体があった。全然気づかなかったエゾフクロウの居場所をリスに教えてもらった。何だか会話が聞こえてきそうな一幕だった。

「ここに隠しておいた木の実知らない?」とエゾリス。「知らないなぁ。ネズミは好きだけど、木の実は好みじゃないし」とエゾフクロウ。「ちょっと場所変わってよ」「もう先祖の代からここを使っている。だから体の色も木にそっくりだろ」「エーッ。こっちだって昔から代々ここで……」

すると気短そうなリスが、これ

見よがしにフクロウの目の前を飛び、反対側に渡った。フクロウは丸い目をパチパチさせさらに穴の奥へ――。

交渉は決裂。リスも別の木に移り、ナラの木はフクロウを抱いて、また何事もなかったように立ち尽くすのだった。

エゾリス

Hokkaido squirrel

ユーラシア大陸北部に分布するキタリスの亜種。北海道の平地～亜高山に生息し、真冬も活動する。「木鼠」の名も。

タンチョウ

Japanese Crane

清流を飛ぶ

北海道屈指の清流・歴舟川は、十勝南部の大樹町を流れて太平洋に注ぐ。

源流のキムクシュベツ沢は日高山脈ペテガリ岳から始まる。美しく、遡行（そこう）の難しい沢だ。だいぶ前に仲間と下ったが、夏も巨大な雪渓が残る沢の冷たさと、岩壁に囲まれた谷の逃げ場のない圧迫感を今も覚えている。カヌーで中流から海まで下ったこともあり、私には思い出の多い川だ。

2月末。市街を抜ける国道の橋からタンチョウを見た。「こんな街中に……」。雪原をトコトコ歩く姿にひかれ、あらためて川を訪ねた。

中流のカムイコタンから河口まで河原が広い。車道が接する所も少ないからだろうか、数羽のタンチョウが越冬している様子だ。釧路の給餌場から分散しているのかもしれない。切り立つ日高山脈を背に、ゆったりとタンチョウが飛ぶ姿は新鮮だった。

翌朝は十勝晴れで氷点下16度。雪原に開いた水辺に数羽のタンチョウがいた。上流の小川でも1羽が餌を探している。

ふいにキツネが現れ、その1羽に近づいた。岸で伏せたままじっと眺めたり、近寄り過ぎては羽を広げて威嚇されたり。一進一退が続いた。

一体どうなるのか……。

キツネが飛びかかった。完璧な跳躍。だが川を越えた瞬間、タンチョウはフワッと飛び立ち、空振りしたキツネは雪原に残る大きな鳥影をつかんで着地した。舞い降りた後を追っても逃げられ、どうにも捕まえられない。半ば遊んでいるような風景だった。

やがてキツネはぷいとあきらめ、タンチョウも何事もなかったように水辺に戻って魚を探し始めた。

川の水はとめどなく流れ去るが、川で過ごした記憶は不思議なほど胸に残るものだ。この日目にした野生の攻防を、私はきっと忘れないだろう。

タンチョウ／アジア極東、北海道、南千島に生息。明治以前は関東地方へも渡っていたが、乱獲と開拓により一時絶滅寸前に。

猛禽の眼力

道東の凍てつく湿原の空を、一羽の猛禽が飛んできた。チョウゲンボウ。黄色い足先には獲物なし。狩りは空振りのようだ。

ハトより少し大きいハヤブサの仲間。主に冬鳥として北方から飛来する。ビルに営巣し都市で暮らす鳥もいるから、案外、街を歩く時、頭上を飛んでいるかもしれない。

寒空のもと毎日ネズミや小鳥を狩るチョウゲンボウも「ユルくないな」と思う。捕食される動物も、相手に食べられるために生きてはいないからだ。

敏しょうな小動物を狩る猛禽類の武器は、何といっても「眼力」。広い山野で獲物を見つけ、自分も動きつつ動く相手をつかみ捕る。

ハヤブサは時速300キロを超す速度で急降下し、小鳥を捕らえる。その恐るべき眼力があれば、高校野球の頃の私の低迷した打率もイチローを越えていたはず。写真もきっと上達するに違いない。

動体視力抜群の望遠鏡のような目。うらやましい、と同時に撮影者には悩ましい眼力である。見つけるより先に、見つかってしまうのだから。

さらに「チョウゲンボウの目は紫外線を感受する」という研究がある。

ハチドリは、花の紫外線反射を利用して蜜のありかを効率よく探すことが知られている。一方チョウゲンボウは、ネズミのマーキング、つまりオシッコの紫外線反射を利用し、獲物の通り道やすみかを探し当てている可能性があるというのだ。

ネズミにとってはたまらない。何げなく用を足し、縄張りをめぐらせた跡が、天敵に居場所を伝えるキラキラの光になっていたら……。

もし目を取り換えてもらえるなら猛禽類がいいと思っていた。でも、ネズミのオシッコがひときわ輝いて見えそうなチョウゲンボウの目はやめておこう。

チョウゲンボウ／ユーラシア大陸とアフリカ大陸に分布。北海道では冬鳥。まれに繁殖する。目の下の髭状の模様が特徴。

チョウゲンボウ

Kestrel

防風林から雪原を見渡す。その目に世界はどう映っているのか

コミミズク

Short-eared Owl

ナラワラに翼のついたお面が浮遊する。ネズミには恐怖の時間

湿原のフクロウ

雪の残る野付半島の草原を、丸い「お面」を付けたような鳥が飛んでいる。コミミズクだ。全長40センチほど。胴体が短いわりに翼が妙に長く、黄色い目の顔だけが浮遊しているかに見える。それが空を飛び回っては突然舞い降り、草むらのネズミを捕らえている。

ぐるっと首が回り、目が合った。草原の精霊に出合ったような不思議な感じ。

野付半島は全長約26キロ。三千年ほど前、海流で運ばれた砂礫（されき）が堆積してできた日本最長の砂嘴（さし）だ。地名はアイヌ語で「あご」または岬を意味するノッケウに由来する。

空が広い。海に突き出た半島はひたすら平たんで、一本道の両側に海が迫る。草原にはナラワラやトドワラと呼ばれる枯れ木林。海流が生んだ砂嘴に長い歳月をかけて根付いた原生林だが、地盤沈降や海水の浸食で立ち枯れ、じわじわ風化している。

ここで生きているのは動物ばかりではない。コミミズクを包む風景も、立ち止まることなく変わり続けている。

雪原から根室海峡の北にそびえる知床連山を眺めていると、以前旅したアラスカのホーマー岬を思い出した。アンカレジの南方、クック湾に伸びる細い砂嘴は野付半島とそっくりで、海を挟んで氷河を抱いた山脈が美しかった。

身体は一つだから、同じ時間に別の場所に立つことはできない。だが想像の翼は自由だ。どこにいても軽々と時空を越えて旅はできる。

コミミズクは冬鳥で、ロシア方面から渡来するという。英語での呼び名は、姿そのままに「耳の短いフクロウ」。ロシア語では「湿原のフクロウ」と呼ばれる。春にはきっと繁殖地のロシアの湿原でネズミを追っているのだろう。

想像の翼は羽ばたき、私はいつしか一羽のコミミズクになって、アラスカの海辺やロシアの大湿原を旅していた。

コミミズク／世界各地に分布。北海道や本州には冬鳥として飛来。開けた草原を好み日中も活動する。羽角は小さく、虹彩は黄色。

流氷と海ワシ

真冬の北海道で一番にぎやかなところは？ と聞かれれば、私は羅臼と答えるだろう。

札幌の雪まつりにも大勢の人が集まるが、野生動物の影は薄い。ところが北海道東端の港町には流氷と野生動物と海外からの旅人が集まり、寒風吹きすさぶ2月こそ騒がしさに満ちているのである。

キャキャキャキャッ。羅臼港に向かうと、住宅の裏から甲高い声がする。斜面の木々で鳴くのはオジロワシとオオワシ。いずれも国の天然記念物だが、冬の羅臼ではカラスやカモメと同じくらい普通の鳥で、ともすれば雪をまとったお地蔵様に見えてしまう。この海ワシを一目見たいと世界中から鳥好きが集い、夜明け前から観光船はにぎわう。

私は知床岬を回って根室海峡に入ってくる流氷が楽しみだ。

アムール川の大量の真水がオホーツク海に注がれ、そこにシベリアから寒風が吹きつける。するとガラス細工のような「氷晶」が生まれる。

キラキラ輝く流氷の子供たちはサハリン沿岸を南下しつつ成長し、渦巻き、帯となって北海道にやってくる。アムール川源流の森の滴の末裔（まつえい）が長い旅路を経て到達したのかと思うと、何だかお祝いしたい気分になる。

頬を刺す風の中、羅臼港から沖へ向かう。港内でゴマフアザラシが顔を出し、上空を海ワシが舞う。ウミウの群れが流氷と国後島を背に、楽譜に並ぶ音符のようにリズムよく飛んでゆく。波立つ海面には黒光りするシャチの背びれ。知床岬と国後島の間を埋めた氷で出口をふさがれ、羅臼沖を回遊している様子だ。流氷帯まで行って急いで戻ると、岸近くでトドの群れが白い吐息をあげていた。わずか1時間の航海でこんな面々と出合える海は他にあるまい。

そして真冬も漁ができる羅臼では新鮮なウニが店に並ぶ。その凝縮した甘さ。まさに冬のお祭り！

オオワシ

Steller's Sea Eagle

国後島から日が昇る。世界で一番流氷が似合う鳥

春へ旅立つ

北海道で越冬していた海ワシたちが北帰行を始めた。知床半島にいた数百羽ものオオワシやオジロワシも、流氷が消え去るのを追うように北へ帰ってゆく。

サハリンやカムチャツカ半島から冬に飛来する鳥たちにとって、北海道は厳しい季節をやり過ごす〝南〟の地。私たちが暮らす島の冬の豊かさを、野生の視線で伝えてくれる存在である。

道内で子育てするわずかなオジロワシを残し、羅臼沖の流氷に集い、冬空を乱舞していた海ワシのほとんどが、繁殖地を目指して海を渡ってゆく。

「もう少し居ついてくれてもいいのに……」。私は毎年そう思いつつ、何かに突き動かされるように旅立つ海ワシの潔さにほれぼれする。

早朝、白い吐息とともに放たれるオオワシの甲高い声。

船にぶつかる流氷の重い音。

歩けばギュイギュイと鳴る寒い夜の雪道の音――。

オホーツクの冬の音色が、急速に春へと向かう今、とても名残惜しい。人は凍える冬だからこそ動物たちのぬくもりを感じ、いつか消え去るものだからこそ、冷たい雪や氷にさえいとしさを覚えるのだろう。

ひしめいていた流氷が緩む。氷海に青い水面が広がる。日の出が早まり、国後島から昇る太陽が心なしか暖かい。そして、残った氷にたたずむオオワシの姿に冬の終わりを感じた瞬間、ずっと答えが出せずに迷っていたことを決断できたりする――。

自然の移ろいと人間の心身は無意識に連動しているのかもしれない。そんな時、春を察知して旅立つ野生のワシがにわかに親しく思えてくる。

波のように春が押し寄せ、冬が去ってゆく。波打ち際に立って足元を洗われ、「さぁ、これからどこへ」と背を押される北海道の早春を、私は気に入っている。

オオワシ／ユーラシア大陸極東部に分布。北海道には主にオホーツク海沿岸から南下し越冬する。日本最大のワシ。

Origin

ウスリータイガの玄関口、ハバロ
フスク上空から見たアムール川

ロシア極東へ──北海道の原風景を探す旅

北海道で撮影を続けながら、ずっと気になる場所があった。千島列島、サハリン、そして日本海を挟んだ沿海地方・シホテアリン山脈。ふだん目にする日本地図では大抵省かれてしまう極東地域である。そこは本州と同様に北海道の「隣の地」。千島とサハリン（樺太）南部は日本領だった時代もある。近代国家が確立する以前、その地は千島アイヌ、樺太アイヌ、北方諸民族のホームグラウンドだった。

北海道と自然環境が近いだけでなく、古代から人々の交流があったはずだが、そうした繋がりも今は見えづらい。どんな人が暮らし、どんな生き物が棲んでいるのか。北海道より原生の自然が残っているのではないか──。自分の眼で確かめたかった。

チャンスはふいに訪れた。2006年の夏、最も訪ねづらいと思っていた千島列島で日米露の共同調査が始まり、記録役として参加することになった。千島は知床半島とカムチャツカ半島の間に浮かぶ「飛び石」のような島。大小20を超す火山性の島々が本州に匹敵する長さで並ぶ。ここがオホーツク海と太平洋の境界である。

稚内からフェリーでサハリンへ。択捉島の北にあるウルップ島を皮切りに、めぼしい島々に上陸しつつ、最北のシュムシュ島へ向かった。

夏の千島はすべてが海霧に包まれていた。7月半ばからのひと月半、霧と風の中で過ごしていた気がする。時折現れる島影は、雪渓を抱いた大雪山や知床連山がいきなり海から立ち上がった感じだ。島の沿岸には見たことのない激しい昆布の渦。それが接岸用ボートのスクリューに絡み、まったく前進できない。驚くほど近い水面に、人間のような表情をしたアザラシやオットセイが次々と顔を出す。乱獲で一時絶滅しかけたラッコがコンブを体に巻いて波間にたゆたい、エトピリカの大群が頭上を越えていった。

島の名はほとんどがアイヌ語だ。たとえばウルップ島は「ベニザケ」の意味。中部のオンネコタン島にはかつて「古い、大きな集落」があったのだろう。カムチャツカ半島に近いパラムシル島の由来はポロ・モシリ。つまり「大きな島」。

地名は人間の足跡である。霧深く潮の速いこの海を手漕ぎの舟で渡り、狩猟で暮らした人間が、確かにいた。航海が進むほど、私にはそれが途轍もない歴史に思えた。

波しぶきを浴びつつ上陸した浜に花が咲き乱れている。チシマフウロ、チシマキンバイ、チシマギキョウ、チシマセンブリ……。多くが北海道の山で高山植物として見慣れた花だ。そうした「チシマ」を冠した植物は、絶海に浮かぶ千島列島こそ本拠地だった。寒冷な環境を好む植物にとって、北海道や日本の高山は、温暖な地で生きのびるための「孤島」なのかもしれない。ウルップ島では、日本で姿を消しつつあるアツモリソウの群落が、先人の竪穴住居跡を静かに包み込んでいた。

シャシコタン島では巨大なマッコウクジラや漂着したセイウチの骨が波に洗われ、真っ白い彫刻のようだ。海辺の丘からは土器や黒曜石の鏃（やじり）、動物の骨を巧みに削った銛（もり）先が数多く見つかる。シュムシュ島では頭に円い穴が開けられたトドの骨があった。アイヌ民族のクマ送りの儀礼に通じる頭骨の痕跡だった。記録役の私は出土した遺物を手に取り、ひとつひとつ写した。そのどれにも人間

上・千島アイヌの聖地ウシシル島で出合ったアオギツネ。日本領時代の養狐事業の生き残りである

左・ウルップ島の海岸に咲くトチナイソウ（チシマコザクラ）。北海道の山にも局所的に分布する

下・北千島のシャシコタン島に打ち上げられたマッコウクジラの骨。空にはワタリガラスが舞っていた

上・中千島のマツワ島に集まるトドの群れ。コニーデ型の活火山（標高1500m）が海に浮かんだような島だ

左・ウルップ島のアイヌ沢で見つかった銛先。動物の骨で作ったさまざまな道具が先人の生活を想像させた

下・ウルップ島に広がるチシマキンバイやチシマフウロの大群落。大雪山や礼文島を彷彿させる花風景

の意思が凝縮していた。大陸から離れた孤島で生きる上で、身の回りの野生生物はどれほど切実な存在だっただろうか。

人が生き抜くために使った道具が時を超えて残り、人が消えた風景があった。そこに野生がゆっくりと息を吹き返していた。夏の千島は、花と骨の島として胸に刻まれた。

●

友人のＯＫＩとサハリンへ行ったのは吹雪の続く1月のこと。ＯＫＩは樺太アイヌ伝来の弦楽器、トンコリの奏者だ。幕末の探検家、松浦武四郎は変わりゆく樺太でオノワンクというトンコリの名手と出会い、朧月（おぼろ）の浜に流れる音色に打たれたと書き残した。それからおよそ１６０年。ＯＫＩは忘れられつつあった楽器を手に各地で演奏を始めた。

時空を超えて伝わる音楽はどこか野生の生き物に似ている。わずかな記録を頼りに、トンコリの故郷を訪ねる旅に出た。

サハリンは北海道とユーラシア大陸を繋ぐ「架け橋」のような島だ。大きなクジラが北へ向かって泳ぐ姿にも見える。州都ユジノサハリンスクから凍った道を北上し、武四郎がオノワンクと会った南東部のオタサンを目指す。今はロシア語でフィロソフォと呼ばれる小さな集落があった。雪原を踏みしめ海に出た。乾いた風の中、氷の海が逆光に輝いている。北海道のオホーツク海の浜に立っているような錯覚をおぼえた。

真冬のサハリンの太陽は低く、ここに来た証に立てたトンコリから長い影がのびた。あたりを飛ぶワタリガラスの舞い降りた跡が、雪原にくっきりと刻まれていた。

山あいの原野を走る鉄道で、中部のポロナイスクへ向かう。果てしなく続く列車の振動に、サハリンの長さを知った。旅の途中、サハリンが「唐太」や「樺太」と呼ばれた頃の地図を開く。すると北知床岬、中知床岬という地名が目をひく。

シリエトク――。半島の突端をアイヌ語でそう呼んでいたから、いくつもの知床があるのだ。北海道の知床岬は、オホーツク海の文化圏の中の「南」知床岬なのだった。

冬のサハリン沿岸で生まれた流氷が北海道へ流れてゆく。流氷を追うように、ここで育ったオジロワシやオオワシが北海道へ渡ってゆく。トンコリという楽器の故郷を巡る旅は、流氷と渡り鳥の故郷を訪ねる旅になった。千島やサハリンから眺めると、北海道は北の行き止まりではなく、さらに北方の自然が流れ着く交差点に見えた。

●

ロシア沿海地方に大弓のような弧を描くシホテアリン山脈。飛行機なら成田空港からわずか1時間半でその上空に入る。北海道に大雪をもたらす風の源である。

これが川なのか――。ハバロフスク空港に降りる直前、眼下のアムール川に愕然とした。視野一杯に増水した水辺が広がり、どこが川かすら分からない。川というより巨大な湿地、ほとんど海といってもいい風景だった。これまで抱いていた川の概念が吹き飛んだ。海ひとつ山ひとつ越えた先に、途方もないスケールの自然が息づいている。それに今まで気づかずいたことが衝撃だった。

シホテアリン山脈にはロシアでも随一の密林が繁り、野生のトラが闊歩する。伝説の狩人デルスウ・ウザーラの故郷である。20世紀初頭、ロシアの探検家アルセーニエフは先住民族のデルスウと

上・ビキン川沿いの森を歩くアムールトラ。ここでは猟師と絶滅危惧種の森の王が共存している

右・樺太アイヌ伝来の弦楽器・トンコリ。舟のような形とシャチの弦止めがサハリンの海に似合う

下・秋のビキン川でシラカバで作った鹿笛を吹く猟師ワーニャ。遠くからアカシカの鳴き声が返ってきた

上・ウスリータイガの春。北海道で見慣れたエゾエンゴサクが日本海の西隣の森にも咲いている

右・夏のビキン川を渡るツキノワグマ。密林を流れる川は魚も動物も豊富で、猟師も元気である

下・保護したシマフクロウを放鳥するミーシャ。「似ている」と言うと猟師は笑い、鳥は目を丸くした

出会い、その人柄と自然観に魅かれてゆく。案内人として探検を支えたデルスウは、いわば松浦武四郎にとってのアイヌの猟師である。

車が渋滞するハバロフスクの街を離れ、森の中の猛烈なデコボコ道をたどる。ビキン川沿いの最奥の村、クラスヌィ・ヤール（赤い崖）に着いた。人口約700人、主にウデヘ族が狩猟で暮らす村だ。あたりは広葉樹と針葉樹の大木が密生するジャングル。枝分かれして流れるビキン川は、森のエキスを集めて運ぶ血管のようだ。

両腕で抱えきれぬほど大きなイトウが悠々と泳いでいる。オホーツク海から1000キロも離れた森までサケが回帰し、村人が食料にしている。ダムが一つもない代わりに、倒木が山のように重なり、カワウソが魚を追う姿があった。猟師小屋に泊まると、真っ暗な闇からシマフクロウが鳴き交わす声が響いてきた。ビキンには、北海道で失われた自然の原風景があった。広大な山のどこかにオオカミさえ生きのびているという。

ウデヘの猟師は腕利きだ。零下35度の冬も氷の下の魚を捕り、シカやクマ、イノシシを巧みに仕留める。だが、トラを積極的に狩りはしない。かつて北海道や本州でもオオカミを敬っていたことに似ている。私は川を遡りながら時間を遡り、今を生きるデルスウに出会った気がした。ビキンへの旅は足掛け9年、10度に及んだ。森が深いだけでなく、友人になった猟師がその恵みもリスクも引き受け、野生と深く関わる姿に魅かれたのだ。

圧倒的な自然の中で、人は同じ環境で生きのびた動物や草木を真似ながら生きてきたのではないだろうか。私は北海道に戻ってからもビキンの猟師を思い出し、今、身の回りにある野生にもっと向き合ってみようという想いが膨らんでいった。

Botany

フクジュソウ

Amur Adonis

北国に暮らす

あぁ春がきた。
そうはっきり感じる日が、毎年誰にも訪れるのではないか。
ハクチョウの群れが、かすみ空を鳴きながら渡ってゆく。いつもの場所で、1年ぶりになじみの花が咲く。何げないできごとが胸に染みる朝がある。
北国に暮らす身にそれは特別うれしい感触なのだが、大雪の冬が明けてなお、終わりの見えない戦争の行方が胸をふさぐ。
げた箱から軽登山靴を出し、ゆっくり靴ひもを締めた。冬用の長靴ばかり履いていると、「靴ひもを結ぶ」動作が新鮮だ。不思議と気持ちが整ってゆく。
雪どけの早い日高地方の森を歩く。あちこちでフクジュソウの明るい黄花に出合い、何か元日よりくっきりと、新しい一年が始まるのだと思う。
春一番に咲くスプリングエフェメラル（春の妖精）。雪がとけた時にはもうつぼみが膨らみ、冬の間に準備していたのがわかる。葉が繁る前の早春の森で他の植物に先駆けて開花し、受粉するためである。
そうして咲いたフクジュソウに出合えば心が弾む。けれど思うに、野の花は人に向かって咲いてはいない。鳥たちも人の耳に届けるために歌ってはいない。星は夜がくれば輝く。自然は人がどんな春を迎えようと無関心である。それぞれの営みをひたすら続けているだけだ。
その淡々とした営為に救われることがないだろうか。人が日々迷い、喜怒哀楽を抱えながら構築する社会とは一歩離れた野性の営みに。
バサッと背後で音がして振り向くと、雪の下敷きになっていた木の枝がバネのように跳ね上がった。森を抜け河原に出た。遠くからキャラキャラと声が響き、ヤマセミが2羽、澄んだ空気を切り裂いて上流へ向かっていった。

フクジュソウ／キンポウゲ科の多年草。茎に1～6個の花が咲き、葉は無毛。キタミフクジュソウは1茎1花で有毛、道東やロシアに自生。

究極のデザイン

「何だか原野の中に着陸するみたい」

初めて北海道に来る旅人だろうか。新千歳空港に着陸体勢の機内。近くの席からの声に目を覚ますと、傾いた飛行機の窓いっぱいに草原と湿地が広がっている。ウトナイ湖周辺はまだ芽吹きには早く、春寸前の枯野が夕日を浴びて金色に輝いていた。妙に小ぶりに映る家や道。確かに「原野」という響きがぴったりな光景だ。

4月半ば、所用で埼玉県に滞在すると、思いがけず桜が満開だった。この春、開花は早かったが、低温が続き、花がずいぶん長持ちしたという。春に上京する時はいつも桜の花に合わせるのだが、今回は人の都合優先で、桜のことをすっかり忘れていた。花の都合に救われた。

ひと足先に散った東京都内の桜を横目に、北海道へ戻った。北上する桜前線を追い越してきたわけだ。桜はもちろん、新緑さえない原野に、春の足取りと北海道の遠さを実感する。

空港を出た先の雑木林に、雪に似た白いものが見えた。今年初めて見るミズバショウだ。もうヒグマが動きだしているな。冬眠穴を出たクマはこの根茎が大好物。私たちが春の花に浮足立つ頃、クマは道内各地でミズバショウ巡りをしているのである。

見慣れ過ぎだろうか。北海道人のミズバショウを見る目は、桜よりゾンザイな気がする。大群落になるから、一つの花をよく見る機会も案外少ない。仏炎苞（ぶつえんほう）と呼ばれる白い包みの中の〝緑の芯〟が、実は小さな花の集まりだ。雪が緩み、新緑が芽吹くまでの期待感が、こんなにもうまく形になった花はない。いわば丸ごと、究極の春のデザイン。

そして、桜が見上げる花なら、ミズバショウは一緒に水辺に立って足元の雪どけを祝う花。冷たい流れの中、白い炎のように揺れる姿は、北海道人に似ていると思う。

ミズバショウ／本州中部以北、北海道に分布するサトイモ科の多年草。純白の仏炎苞の中に小花が集まって咲く。葉は1m 近くになる。

エゾノコリンゴ

Manchurian Crab

生きるとは激しいこと。リンゴの木にそう教わっている

燃える満開

今年も庭のエゾノコリンゴの花が咲いた。

私が暮らす空知地方は昨冬同様の大雪だったが、春の好天のせいか、前年より1週間早い開花だ。

15年ほど前に、友人が苗木を分けてくれた。度重なる豪雪に耐え、若木の時から「毎年そんなに咲いて燃え尽きないのか」と心配するほど満開になる。

サクラと違って花と同時に新葉も開くが、花の勢力が強く、みるみるうちに葉が隠れて、一本の木が丸ごと白い花で埋め尽くされる。

それはもう、立木というより別の生き物のよう。白いサンゴが地上で枝を伸ばしているようにも映る。

昨年は、重そうな花枝を眺めつつ下に止めた車を出そうとした途端、強風でメキメキと枝が折れ、満開の花ごと車にのしかかってきたことがあった。あまりに惜しく、車に載せて知人に配った。

夜には別の表情を見せる。

家は集落の外れ。最後の街灯に照らされて、白い花の塊がぽわんと闇に浮かぶ。その奥で無数の星が瞬いたり、月がかすんでいたりする。

辺りには気だるさを覚える濃密な甘い匂い。昼間のエゾノコリンゴとはまったく違う妖艶な木が、人里と山の境界に立っている。

この花が満開になる頃、午前4時には夜が明け始める。頼りなかったウグイスの歌がいつしか整い、カッコウの声が重なっている。私にとってエゾノコリンゴの花は、冬も春も終わり、季節が夏へ駆け出す号砲だ。やりたいことがあるのなら、時機を逃さずいま始めないといけない、そんな気にさせてくれる花なのだ。

よく似た木にズミ（コリンゴ）がある。白い花も直径1センチ大の赤い実もそっくりだが、ズミの花はつぼみの紅色が濃い。見分けやすいのは葉っぱ。エゾノコリンゴは楕円（だえん）形で、ズミの葉には「切れ込み」が入っている。

エゾノコリンゴ／本州中部以北、北海道、南千島に分布するバラ科の落葉樹。海辺〜山で5〜6月に咲く。街路樹にも使われる。

オオハナウドの時間

背丈ほどあるオオハナウドを見ながら花火を思い浮かべていた。新緑の函館山。

地面から空へ一直線に伸びる茎。その先で花柄がきれいな放射状に分かれ、さらにもう一度分散する。最先端に小さな白い花がいくつもはじけている。

花火のような花、というのはおかしな言い方だが、腕のいい花火師が幾重に仕込んだ大玉にも、繊細な線香花火にも似ている。

目を凝らすと、集まって咲く花の外側の花弁だけが、大きな三日月形で飛び出している。そのアンバランスがまた絶妙だ。受粉に役立つ虫を呼び寄せるため、花が目立つつくりになっているといわれる。

オオハナウドは一体いつからこんな姿になったのだろう。「手の込んだ」今の形にたどり着くまでどれだけの時間が流れたのだろう。

十年、百年、千年、５千年……。それから最終氷期の約１万年前までは、縄文海進と呼ばれる海面上昇が起きた温暖期だ。気候変動は植物にどんな影響を与えただろう。

緑が充満した森で植物の旅路に思いをはせると、頭がクラクラしてきた。

植物が進化する時間も道のりも到底実感できず、それを眺める自分自身、生物としてどうやって今にたどり着いたのか、謎だらけである。

オオハナウドがそこに在るまでの時間に比べたら、花の咲くひと夏は一瞬だ。やっぱり花火に似ている。

細い花柄を渡ってアリが速足で花へ向かっていた。

パシャッと切ったシャッターのスピードは２５０分の１秒。

そこに、花と虫と人がたどってきた気の遠くなるような時間が詰まっている。

エゾハルゼミの鳴き声が降り注ぐ山道を、私は神妙な気分でまた歩き出した。

オオハナウド／本州近畿以北、北海道に分布するセリ科の多年草。1.5～2m。平地～山で5～7月開花。全体に毛が目立つ。大花独活。

オオハナウド

Sweet cow parsnip

原野の怪物

リラ冷えが続く6月。朝晩の寒さに薪ストーブをたく始末だが、野草はしおれることなく今が伸び盛り。山ぎわの原野には、足を踏み込む隙のないほど濃緑の草がひしめいている。

そこでひときわ存在感を放つのがエゾニュウだ。海辺から山まで広く生えるセリ科の多年草。道内で最も大きくなる野草である。

この時期すでに小学生くらいの高さ。頭のあたりには、ここから花が現れる「苞」と呼ばれる塊。枝先にも握り拳に似た丸い苞がつき、草原で背伸びする子供の姿に見えたりする。

夏までにぐんぐん伸びて大人の2倍ほどに。以前、南日高の谷で4メートルを超す大物に出合い、さすがにニュースになった。破れた苞から無数の小さな白花でできた花傘が開き、打ち上げ花火を見上げるようだった。

さて札幌の秀岳荘という登山用具店の催しで、故坂本直行さんの話をすることになった。「ちょっこうさん」の愛称で知られる画家。北海道大学山岳部で活動し、その後、南日高の山麓で30年に及ぶ過酷な開墾生活を送りつつ画文を残した。六花亭の包装紙の絵で親しんでいる方も多いだろう。

日高山脈や原野への憧れをかき立てる数々の本に、「原野の怪物」としてエゾニュウが登場する。裸馬に乗ってよくこの花を眺め、馬に乗っても花の方が高いものがたくさんあったという。

日高の原野にはエゾニュウがよく似合う。そして、類いまれな生命力とユーモラスな姿が、直行さんの力強い素描と重なる。

私は著作でしか直行さんを知らないが、奥さまのツルさんがご健在の頃、晩年を過ごした札幌のご自宅を訪ねたことがあった。描きかけの絵がイーゼルに架かっていて、大きなエゾニュウがそこにどんと立っているような気がしたのを覚えている。

エゾニュウ／本州中部以北、北海道に分布するセリ科の多年草。葉柄基部に肉質の鞘あり。海岸〜山の草地で夏に開花。

エゾニュウ

Angelica ursina

6月のエゾニュウ。どんな花が咲くか夏の原野を探してみてください

クマガイソウ

Japanese lady's-slipper

このランは植物というより野生動物に近い気がする

サルメンエビネ

Calanthe tricarinata

人目に触れず、シカには無視されて咲く

渡島ワンダーランド

わずか1年半だが、函館に住んだことがある。その時以来の函館ファンだ。

すみかは瀟洒な元町。隣はカフェ。裏は夜景が名物の函館山だ。朝から谷地頭温泉が開き、瓦屋根の港町に「イガー、イガー」と温かい声が響く。

そんな街の楽しみと同時に私をとりこにしたのは渡島半島の山と植物だった。

まず函館山に登って驚く。標高334メートル。ロープウエーのある展望台のような小山だが、一歩山道に入ると見たことのない草木が次々と現れた。アケボノスミレ、コジマエンレイソウ、花が葉の真ん中に乗って咲く不思議なハナイカダ。オオバクロモジの香りも初めて知った。

函館山は、北海道では渡島半島にだけ分布する南方系の草木が凝縮していた。しかも終戦まで日本軍の要塞があり（それで山頂も削られている）、約半世紀、一般人の入山が厳禁だった。皮肉にもそれで元来の植生が保たれたのだ。私はいそいそと植物のワンダーランドに通い、未知の道南の山へと向かった。

渡島半島は実は相当広い。知床半島三つ分くらいある。松前半島と亀田半島がエビの尻尾のように分かれ、変化にも富む。寿都と長万部を結ぶ「黒松内低地帯」はブナの北限。ここ以南を渡島半島とすれば、半島は丸々ブナの山だ。

そこにヒバ、スギ、サワグルミなど見慣れぬ木があり、ツキノワグマではなく、ヒグマがいる。道南の人には普通のことが、北から来た私にはことごとく新鮮だった。「渡島」の名は津軽海峡を渡った先の蝦夷ケ島に由来するが、北から陸続きに訪ねても異国情緒十分なのである。半島らしく多くの山が海からせり上がり、標高では測れない奥深さがある。

そんな「クマがいそうな」山に、数少なくなったクマガイソウが何げなく咲いていたりする。

クマガイソウ／北海道の石狩地方以南〜九州に分布するラン科の多年草。5月下旬〜6月に開花。扇形の葉は放射状の線が目立つ。

獣道に咲く

6月の北国は天国のようだ。草木の新緑が出そろった頃いい雨が降り、夜が明けるごとに森はこんもりと膨らんでゆく。

だが、一歩やぶに入れば天国とはいい切れない。伸びきったシダやイタドリ、密集する根曲がり竹が視界をふさぎ、触ればかぶれるツタウルシが行く手を阻む。気温が上がれば、むしろ蚊やヌカカ、ダニの天国といった方が正確かもしれない。

そこで頼りになるのが獣道だ。シカが増えた山では歩きやすい獣道が縦横に続き、その道は、今まで気づかなかった野の世界をそっと教えてくれるのである。

裏山のシカの足跡をたどって森に入った時のこと。黒いふんの脇に目が留まる。

サルメンエビネ——。漢字で猿面海老根。つまり根はエビに似て、猿の顔をしたランの仲間だ（そう聞いてどんな植物を思い描くだろう）。残念ながら人がよく歩く道端からはいつしか姿を消した植物である。

私は花の中でランがどうも苦手なのだが、手の込んだ派手めな姿や育成の難しさからかえってランを愛好するファンはおり、それが一つのあだになった。

山菜の行者ニンニクも人が採り過ぎればなくなる。シカが増え過ぎても食害でなくなる。地震による原子力発電所の損壊、噴火や隕石（いんせき）落下でも桁外れの破滅が起こる。野生生物消失の原因はさまざまで、考え出すと天国に続くはずの獣道で迷路に入り込んでいる。

そこに咲いていた花が消えた時、喪失感があればまだ何かが「ある」ということ。消失したことにすら気づかず、身の回りの風景がだんだん単調になっていくことの方が怖い。

根はエビで猿顔の花が、どこか遠くの世界遺産登録地や囲われた野草園や誰かの庭でもなく、普段の暮らしから地続きのやぶの中で、ただ咲いていていてほしい。

サルメンエビネ／北海道〜九州に分布するラン科の多年草。高さ約40cm。広葉樹林で5〜6月に開花。葉は緑のまま越冬する。

コウライテンナンショウ

Arisaema peninsulae

実が膨らみだした雌株。地下茎はアイヌ語でラウラウ。中心に毒をもつ

ミズアオイ

Mizu-aoi

花はかつて染色に使われたという

森の怪人

おわっ。
玄関を出たとたん、足元にいたヘビを踏みかけた。アオダイショウだ。ヘビは黙って思いがけぬ所にいるから驚く。
似た思いをするのがコウライテンナンショウだ。
別名マムシグサ。
5月から7月に咲く花は、緑のヘビがすーっと鎌首を上げたような姿。ミズバショウが変色し、ひょろ長く伸びた感じでもある。茎にはマムシ模様と呼ばれる斑点。ヘビをまねたい草なのか。
温暖湿潤な土地を好むサトイモ科の多年草。道内各地の森に自生しているが、「高麗天南星」の名からしてどこか南の雰囲気を漂わせる植物である。
ちょうど「仏炎苞」と呼ばれる筒状の覆いが枯れ、中の実が膨らみ始める時期だ。それはヘビというより森に潜む怪人のよう。ユーモラスな顔つきに思わず足が止まる。
性質も独特だ。マムシグサの仲間には、同じ個体で雌雄が入れ替わる「性転換」が知られている。
芽生えは無性別。若年期は雄株で、イモのような地下茎が充実するにつれ雌株に変わる。雄の仏炎苞に入った虫が花粉を身につけ、雌花に運ぶと受粉する。
栄養がよければ、秋にごろんとした真っ赤なトウキビ風の実がつく。その後さらに、栄養次第でまた雄に変わるという。
何と自由な生き方。きっと、実を結ぶためにコウライテンナンショウが編み出した最善の方法なのだろう。そんな性質を知ると、地表に現れ雌雄が入れ替わる花ではなく、地下に隠れたイモこそが、この植物の実体のようにも思えてくる。
草刈りの季節だ。近所の奥さんが「草刈り機でヘビ切っちゃった……」と震えていたので、ヘビには気をつけている。私はマムシグサも刈らないようにして、秋の実を楽しみにしている。

コウライテンナンショウ／北海道〜本州に分布するサトイモ科の多年草。変異が大きい植物。低山の林に生育。別名マムシグサ。

ミズアオイ

久しぶりにミズアオイを見た。稲刈り前の近所の田んぼ。黄金の稲穂が広がる一隅に青い花群があった。吸い込まれそうな青紫が朝日に透ける。水を切って乾いた田園のそこだけ、水が湧いたようだった。

「ミズアオイが咲いてますね」。近くの人に声をかけると、水田の主ではなかったが、「あちゃー」と困惑顔。予想してはいた。水田地帯では歓迎されない野草なのだ。花自体はとてもチャーミングなのだが……。

本州と北海道南部の水路や水田に生える一年草。同属で背の低いコナギとともに、かつては水葱、菜葱と書いて「なぎ」と呼ばれた。今も昔もいい名前だ。万葉集には植子葱（うえこなぎ）として食用に植えていた歌が残る。この花の名をいま一番耳にするのはAM民放ラジオ。「ミズアオイやホタルイなど〝強力な水田雑草〟に効く除草剤」のような広告である。

農家を悩ませたミズアオイは「SU剤」と呼ばれるスルホニルウレア系除草剤の効果や水路改修の影響で全国的に姿を消していったといわれる。地域によって、実物を見たことのない若い世代もいるかもしれない。

私は空知地方の山際に越してからのある夏、初めてこの花を見た。十数年前だろうか。家の前の水田に咲いていたのだ。改めて歩いてみると、そこにもわずか1株、咲いていた。

絶滅が危惧されていたが、1990年代に空知地方の長沼町で初めてSU剤に耐性を持つミズアオイが報告されている。東北地方では、震災後に土地がかく乱された場所で再び咲き出した例がある。

近所の水田で咲いたミズアオイの種がどこからきて、さまざまな防除にどう耐えたかはわからない。わからないが、その花の青さに、水とか空とか人がコントロールし切れない存在を、つい重ねて見てしまう自分がいる。

ミズアオイ／北海道南部～九州に分布するミズアオイ科の1年草。高さ20～40cm。低地の水辺や水田で8～9月に開花。水葵。

チシマギキョウ

Hairyflower bellflower

トムラウシ山の頂に咲くチシマギキョウとイワブクロ

コマクサ

Dicentra peregrina

馬に似た姿から駒草。地を這う姿から這松。人の間にいるから人間？

高山の花束

青い花に目がない。

遠目に映った空色に吸い寄せられるように、急坂を登りつめた。

真っ青なチシマギキョウと淡いピンクのイワブクロ。左手には咲き終えたイワウメ。ひとかたまりの「花束」が、ごつごつした岩場を彩っていた。

大雪山トムラウシ山の山頂直下、標高2100メートル。もう急ぐことはない。ザックを下ろし、短い夏を迎えた高山の花をゆっくり眺めた。

チシマギキョウもイワブクロも、花は繊細な白い毛に包まれ、いかにも北方的な雰囲気である。

山麓の森にくらべ火山の岩場は「貧栄養」。そもそもこんな岩の隙間に、土壌といえるものはどれだけあるだろう。

水は？　雨と湿気、岩に染みた水で十分なのか。私は朝から2リットル飲んでも、もう蒸発したかのように喉がカラカラなのに……。

トムラウシ山は大雪山の王冠といわれる。風当たりは強く、特に冬の頂は雪も飛ばされ、猛烈な寒気にさらされる。北方系の植物には、こここそ快適な居場所なのかもしれないが、長い冬の間、よく根が凍って枯れないものだ。

種は風に乗って飛んできたのか、鳥や虫たちが岩の隙間に運んだのだろうか。広大な岩場のあちこちで咲く花を見渡すと、野生植物を拡散させてきた目に見えない力が、多彩な色になって表れているようだった。

咲き終えたイワウメを含めて多年草だ。いったん根を張れば、岩ごと転落でもしない限り、自ら居場所を移すことはない。来年の夏も次の夏も、枯れるまでここで咲き続けるのだろう。

街を行き交う花束には、それを作る人や贈る人の優しさが込められている。

山の花束には、それが小さく繊細でも、自然の厳しさと野生のたくましさがつまっている。

チシマギキョウ／本州中部以北、北海道、北太平洋地域に産するキキョウ科の多年草。花は横向きで白毛が目立つ。千島桔梗。

過酷に耐えて

夜明け前の山はいい。

まだ光の当たらぬ草木が露にぬれ、ひっそり呼吸している。冷気の中、何かが始まる予感がする。

日が出た方が物がよく見える気がするが、そうでもない。強い陽光の反射で花や葉本来の色が見えず、光の強さと同じだけ影も濃くなるからだ。

大雪山桂月岳でコマクサを見た。小さな灯籠のような花が山道をほんのり照らす。根元にはパセリに似た葉。相変わらずおかしなスタイルだ。脇にハイマツ。いつものコンビである。

標高2千メートル級の火山の砂礫斜面、そんな北海道で一番厳しい環境にコマクサはよく生える。周囲にはコマクサしかなかったり、背の低いハイマツばかりの風景が広がっていたりする。

コマクサとハイマツは、数十万年前の氷期に北方圏から南下し、その後の温暖期に高山に逃げ込んだ「氷河期残存種」といわれる。強風で雪さえ積もらない風衝地はマイナス20度を下回る酷寒と極度の乾燥にさらされる。さらに火山の砂礫は不安定で貧栄養だ。

そんな他の種が入れない過酷な場所に、コマクサは長く切れづらい根を備え、ハイマツは風雪で折れないしなやかな幹枝で、逃げてきた。

高山で生き延びた2種が並んだ時、全く違う姿なのが私には面白い。これが、それぞれの方法で自由に向かって逃走し続けた結果なのだろう。

今年は激しい夏だった。暑すぎも寒すぎも雨が少なすぎるのもつらい。そして本当にきついのは、その急な入れ替わりだと思った。山は大きな地殻変動でもない限り高くならず、頂上は山麓より狭い。

これからさらに気温が上がった時、いつ来るか知れぬ次の氷期まで、氷河期の落とし子たちは逃げ切れるだろうか。

コマクサ／本州中部以北、北海道の高山、東北アジアに分布するケシ科の多年草。7〜8月に開花。高山蝶ウスバキチョウの食草。

エゾコザクラ

Wedgeleaf primrose

ピンクの花群に白い一株。色素が抜けても透明にはならずかえって目立ってしまう

レブンウスユキソウ

Leontopodium disclor

野生の個性

暑い。
　つい書いてしまった漢字に「日」が「土」を挟む姿を発見し、ますます暑い。乾いた庭土がひび割れている。その上をカラスアゲハがひらひらと舞う。うらやましい。自分を煽（あお）いで飛べるなんて……。
　というわけで大雪山旭岳の白いエゾコザクラだ。涼し気なのである。本来はピンク色のエゾコザクラの白花品種。花弁の色素が何らかの原因で形成されず、白く咲いた個体だ。
　エゾコザクラは大雪山、日高山脈、知床連峰、利尻山のほか、広くは北太平洋地域に分布するサクラソウの仲間。高山の雪田がとけた草地に群生する。根を下ろしている場所からすでに涼気があふれている。
　旭岳北側の裾合平には、北海道の山らしい伸びやかな溶岩台地が広がる。雪の消えた草原を無数のエゾコザクラがピンクに染めあげる中、一株、白い花が紛れていたりする。
「なぜこの花だけが……」と不思議に思う。注目もされる。だが珍しい、だけではない。
　たくさんの花の中で、たまたま色が欠けてしまったこの花の存在によって、元々野生の植物が抱いている「ばらつき」が見えてくるのだ。
　そうして他の花を見渡せば、ピンクにも濃淡がある。背丈は地べたに咲いたものから、すっと伸びて20センチ近いもの、花数も3〜10個とばらばらだ。
　花柱が短いタイプと長いタイプも知られている。白い花だけでなく、基準となる花も、一株一株違うことに気づく。
　本来はピンクのコマクサやノビネチドリ、青いイワギキョウでも時折、白花に出合う。そんな野生のばらつきは見ていて楽しく、欠陥というより、むしろ健全と思う。
　変わっているのに、涼し気なのである。

エゾコザクラ／北海道と北太平洋地域に分布するサクラソウ科の多年草。高山の湿った草地や融雪跡を好む。7〜8月に開花。

風の島の花

2021年、秋の夜明け前。優しい風のような声がラジオから流れてきた。

礼文島の写真家・杣田美野里さんの生前のインタビュー。肺がんで療養中だった杣田さんの病室とつなぐ収録だった。

島やお互いの写真展で会えば何かと励ましてくれる敬愛する先輩だった。

日本最北端の礼文島は風の強い島だ。隣のとがった利尻島と対照的に、サハリンからはぐれてきたのかと思うほど平たん。そこに雨とも霧ともつかぬジリ（海霧）がよくかかる。夏は短く、その分ひときわ鮮やかな花々が、海辺の丘を駆け抜けるように彩ってゆく。

海に囲まれた小島には、レブンウスユキソウ、レブンアツモリソウ、レブンコザクラなど礼文の名のつく花が咲き誇る。杣田さんはご家族で東京から移住し、約30年、礼文島の花と暮らしを見つめてきた。

私は杣田さんの花の写真が好きだった。珍しい花の満開の姿だけでなく、種が落ち、実を結び、枯れてゆく姿を凝視していた。そうして語られる風の島の花の一生は、杣田さんの存在そのもののようだった。

ラジオからは闘病中と思えぬ朗らかな声。うふふ、と空から降るような独特の微笑。晩年情熱を注いでいた短歌の朗読が、しみた。

「うれしい。ありがとう」と繰り返す杣田さん。キャスターが涙をこらえている。

最高の放送だった。私は「まったく……」とつぶやいたきり言葉がでなかった。その放送を待たず、本人は永眠していたのだった。

札幌での治療中、私の家に寄った時にも「フクジュソウが見たい」と野原へ向かった姿を覚えている。

杣田さんの短歌を紹介したい。

現とは死を意識して輝くと母の愛した言葉の一つ

レブンウスユキソウ／北海道の一部とサハリンに分布するキク科の多年草。礼文産をレブンウスユキソウと呼ぶ。6月下旬～8月開花。

タマゴタケ

Caesar's mushroom

土から飛び出した幼菌。これから柄が伸び、傘が開き、胞子を放出する

菌根菌

「おおっ」と声が漏れてしまった。

誰もいない真昼の雑木林。その秘密に触れてしまった気がして、意味もなくあたりを見回す。

私を追ってきたカラスが背後のナラの木にとまり、何かあったかと様子をうかがっている。何ら変哲のない地面の一角が割れ、白い殻からつややかで温かみのあるだいだい色の「球体」が発射されていた。

タマゴタケ——。落ち着いて見れば、テングタケ科タマゴタケの幼菌。さらに伸びて傘が開けば優秀な食菌となり、バター炒めや鍋にぴったり、ただし有毒のベニテングタケと似ていて要注意。そんな菌根菌——つまり枯死した木ではなく、生きている樹木の根にのみ寄生する菌類である。どうして言葉で解説するとこう長くなるのだろう！

このキノコ、出たばかりの姿を初めて見た時は衝撃だった。植物の「芽」なのか動物の「卵」なのか。地中からどうしてこんな色と形の物体が現れたのかわからない。すべてが唐突なのだ。今も夏の終わりに出合うたびドキッとする。そして近くに赤い傘を広げた成菌を見つけ、「キノコの子供か、驚かすなよ」と苦笑いするのである。

庭、道端、倒木や立ち木、高山のハイマツの陰。ふと気づけば、キノコはそこにいる。昨日まで何もなかった場所に。美味なキノコの脇に猛毒キノコが素知らぬ顔で立っている。その役割も、枯死した木や動物の死骸を分解したり、菌根菌のように木と共生して成長を助けたり、病原菌として不健康な木を淘汰（とうた）したりと幅広い。植物でもなく動物でもない、菌類という分解者。

日本では約2千種のキノコが確認され、未確認のものが倍ほどあるといわれる。パラパラと図鑑をめくりながら、そのあまりの多様さ、奥深さに、地球の主人公は菌類なのかとさえ思ってしまう。

タマゴタケ／夏〜秋、日本全土の多様な林に生えるキノコ。ロシア極東、北米にも分布。有毒のベニテングタケと似るので要注意。

ユキノシタ

鍋の季節。海のものも山のものも一緒に、土鍋でぐつぐつと煮込む。
サケ、タラ、カキ、鶏肉に豆腐。甘みの増した大根に白菜、ニンジン、昆布にキノコ……。こんなに持ち味が違う食材を一度に煮てしまえる料理も少ない。
この時期の食材で欠かせないのが野生のエノキタケだ。ナメコやシメジ、シイタケなど今はスーパーでさまざまなキノコの栽培品が手に入る。
だが、野生のものはひと味もふた味も違う。中でも味と香り、ぬめりはもちろん、姿形が全く違うのがエノキである。店頭のエノキは白くひょろ長いのが定番だが、野生のは〝かさ〟が黄土色から茶褐色で背は低く、茎も黒っぽい。店でしか見たことがなければ、森でこれがエノキといわれても信じられないだろう。
エノキは雪が降っても生える珍しい冬型キノコで、ユキノシタと呼ぶ地方もある。冬近くなると、薪づくりも兼ね裏庭に伸びた木を切っていく。まず、薪として火持ちしないヤナギから切るのだが、残った切株にエノキがずいずいと生えてくる。夏の間つまずいたり、草刈り機の刃が当たったりするたび邪魔に思うのに、エノキが毎年律義に姿を見せるので、木の根を抜くことができない。
カントオロワ ヤク サクノ アランケプ シネプ カ イサム
(天から役目なしに降ろされたものはひとつもない)
切株や、立ち枯れの細いヤナギにエノキが連なって生えているのを見ると、アイヌ民族に伝わる言葉が浮かぶ。
カラマツの下に生えるラクヨウ(ハナイグチ)もそうだが、キノコは翌年、別の木に引っ越ししたりしない。ヤナギならヤナギ、カラマツならカラマツ。樹木を選び時期を選んで生えてくる。そんなキノコの正直さが気に入っている。

エノキタケ／晩秋～早春、広葉樹の倒木や切株に生える。世界各地に分布。傘は粘性あり、柄は暗褐色でビロード状。

カツラ
Katsura tree

泉を抱く森

その沢の入り口はやぶで覆われていた。初見の印象は「しょぼい沢」だった。

知床連峰の麓で暮らすN夫妻に誘われ、奥蘂別（おくしべつ）川の支流を登った。源流部に湧き水があり、集落の生活用水になっているという。

滑りやすい沢を長靴でパシャパシャとたどる。木立越しに見える斜面はカラマツが皆伐されたらしく妙に明るい。流れも浅く「これじゃ魚もいないか。水源まで行かなくてもいいかな……」と思いかけた。

水があまりに透明だった。カツラの太い古木がこの谷本来の森の姿をしのばせ、ひこばえの黄葉から甘酸っぱい香りが漂ってきた。わずかな深みに魚影が走る。オショロコマだった。

私は樹ならカツラ、川魚はオショロコマが好きだ。どこか「古（いにしえ）」な雰囲気があり、それが生きている森や谷には、古時計がずっと時を刻み続けているような安堵（あんど）を覚えるからだ。

やがて水流は細くなり、倒木や岩がしっとり苔むしてきた。見上げると、ウダイカンバやオンコの混ざる明るい森が扇のように広がり、その基部から透み切った水がこんこんと湧いていた。

泉はいつも唐突だ。どこで湧くかは地下水脈の思うまま。それでいて、その場所には人が作り出すものとは違う独特な雰囲気、無造作なのに完璧な空気が漂う。逆かもしれない。泉が湧いてこそ、その土地は完成するのだと思う。

湧水をせき止めた簡素な貯水槽から直径10センチほどのパイプがひかれ、それが水源だった。時間をかけて地中を透過する泉は大雨でも濁らない。私自身、井戸水で暮らしているが、こんな山の懐に湧く泉で麓の人の生活が賄われているのはうらやましい。

泉を後に沢を下りながら、遠くの山もさまざまな樹々も枯れ葉も苔も、転がる石さえ「ここに必要なもの」に思えた。

カツラ／日本全土の水辺に分布する落葉広葉樹。ハート型の葉は黄葉し甘い香りを放つ。雌雄別株。折れてもひこばえが生える。

森を泳ぐクジラ

霜の降りた笹原をかき分け知床の森に入る。友人が教えてくれた小さな沼を目指した。

日の出間際の澄んだ空を、クマゲラがキョロキョロと転がる声を響かせ渡ってゆく。笹の海をこぐように抜けた針葉樹林の足元にはタヌキの〝ためフン〟。中に入っていた種が芽吹いたのか、ナナカマドの幼樹がすっと伸びている。

人に勧められた見知らぬ場所を訪ねるのはいいものだ。歩き始めはどこへ向かうのか予想がつかない。だが戸惑いつつ進むうちにも必ず新鮮な出合いがあり、それは自分だけで探した風景とは違う奥行きを持つ。「これ読んでみたら」と渡された本を開くのに似て、そこに誰かの思いが重なるからだ。

沼は水が枯れ、森の中にぽっかり穴が空いていた。その底からヤナギが一本、身をよじって立ちあがり、黄葉した梢の先に白い月があった。

突然、エゾシカの強烈な雄たけびが響く。再び静まり返った森に立ちつくす。なんてぜいたくな朝だろう。

尾根に登ると、木立の隙間にオホーツク海が見えた。広い展望はなくても、十分だった。

帰り道、笹原の中にオンコ（イチイ）の大木が倒れていた。生きているオンコの樹皮は赤茶色だ。風雪に磨かれ銀色に光るその古木は、苔をまとい、抜けた節が新たな「目」となり、まるで森を泳ぐクジラのよう。倒れてなお別の姿で生き続け、森に生かされているようだった。

ふと、近くの森で昨日出合ったヒグマの親子を思い出す。オンコの若木に子グマ2頭が登り、枝が折れるほどワサワサ揺らして赤い実を食べていた。その根元で見守る母グマ。丸々とした親子の体が、秋の森が抱く生命力を語っていた。

わずか2キロの森の道に、たくさんの物語があった。

イチイ／通称オンコ。和歌名アララギ。日本全土、ロシア極東に分布する常緑樹。各地で弓に利用された。赤い実の種は有毒。

イチイ

Japanese Yew

深山の白い骨

山で何かに引きつけられる瞬間は、いつも不意に訪れる。それは大きなヒグマがハイマツの中に姿を消した後だった。
日高山脈のカール。カールとは氷河地形のU字谷のことだ。
誰もいない深山でクマと向き合う緊張から解放されたせいかもしれない。足元に落ちていたハイマツの枯れ木に目が止まり、吸い込まれるように見入った。
それまで息をひそめ、ひりひりする思いでクマに向けていたカメラを枯れ木に向け直す。写真を撮りながら、その枯れ木が、野に生きるクマにも、そして自分自身にも重なる気がしてならなかった。

コケモモの上に落ちたハイマツの枯れ木は樹皮がはがれ、日にさらされて、白い骨のようだった。シマリスかホシガラスの食べ残しだろうか、崩れた松かさが横に転がっている。
高山では見慣れた風景だ。あたりにはハイマツが緑の海のように広がっている。
もし山を覆う木々が枯れた後も朽ちなければ、枯れ木だらけの山になるだろう。消えてなくなるからこそ、目の前の風景は成り立っている。そんな当たり前のことに、その時ふと気づいたのだった。
ヒグマは自然死した姿をめったに見せないが、人知れず山のどこかで倒れ、形を失っているはずだ。
雨水や太陽の光、そして時間——。
思えば、ハイマツが成長するのに欠かせないものが、枯れてからはそれを分解する役を担っている。目に見えづらい微生物にも、他者の成長を助けるだけでなく、分解する種がたくさんある。そこには何か平等な感じが漂っていて、山の「おきて」なのだと思った。
ハイマツの枯れ木が自分に重なって見えたのは、形が「人」に似ていたからだけではない。同じおきての下にいるから、目が離せないのだった。

ハイマツ／ユーラシア大陸東部、北海道、サハリン、千島に分布する常緑樹。地を這い斜上する。一本の木に雌と雄の花がつく。

枯れても生きる

日の入りが早い。空知では12月に入ると、ほぼ午後4時に日没。山に遮られ、一日の半分しか日がささない斎藤隆介の絵本『半日村』のようだ。

日照時間が最短の冬至より、実は12月前半の方が若干日没は早い。空が明るいとつい野外に出てしまう私は、雪が降り、すぐ暗くなる季節になってやっと、写した写真を見返す気持ちになる。

心にとまったのが、秋の大雪山緑岳の写真。あたりは森林限界を超えた高山帯。低温、乾燥、強風、多雪と、北海道で最も過酷な気象条件だ。あまりに風が強く雪さえ積もらぬ風衝地には、イワウメやミネズオウが張り付き、紅葉したウラシマツツジが赤いじゅうたんのように広がる。その周りや、雪がつく斜面にはハイマツの緑。風雪に頭を押さえられる植物は、どれも地をはうものばかりである。

この自然に適応し、広い高山帯を優占するのがハイマツだ。普通、垂直に硬い幹を伸ばすマツが、風雪に耐えるしなやかで強い幹を水平に伸ばし、光を捉える。その枝は地面に着くと発根し、やがて独立する「伏条更新（ふじょうこうしん）」という技も持つ。よく見ると、古木につながって新たな株が育っていたりする。伏条更新の株は同じ遺伝子のクローン。元の木が枯れて見えても、その先で生き延びている。

そして私がよくかじる松ぼっくりの種には「翼」がない！　ハイマツは風に強いのに、種をまくのは動物まかせ。クマやシマリス、ホシガラスなどに種を食べてもらうことで拡散していく木なのだ。ホシガラスはその種をよくウラシマツツジの群落に隠す。抜群の記憶力に頼った貯食のはずが、それを忘れることでハイマツが芽吹くのが面白い。

ウラシマツツジの紅葉に包まれたハイマツの枯れ木が、白く輝く骨のようだった。1匹のクモがそれを道に歩いていった。足元30センチ四方の視野にもドラマがある。

ウラシマツツジ／北半球北部に分布する落葉矮性低木。花は壷形のクリーム色で葉が開く前に咲く。実は黒い。クマコケモモ。

ハイマツ

Creeping Pine

コケモモの中で風化するハイマツの枯れ木

ミズキ

Table dogwood

ヨシ原に輝く冬

師走の朝。凍てついたヨシ原で、1本の木が銀色に輝いている。ミズキだ。逆光に浮かぶ枝は繊細な氷の彫刻のよう。寒さの中、よくぞ凍裂しないものだ。

気になる木。それが私の中でのミズキである。

同じミズキ科のハナミズキは、明治時代、日本から米国に贈ったソメイヨシノの返礼として入ってきた。こちらは花が大きく華やか。一青窈(ひととよう)の歌名が浮かぶ。

ミズキの方は北海道や本州に広く自生する落葉樹。20メートルほどに成長し、5~6ミリの白花が集まって咲く。人名としても親しまれているが、森で目をとめる人は案外少ないかもしれない。

名前の通り樹液が豊富。春はもちろん、晩秋でも切ると水が滴り落ちるほど。

材質緻密で割れづらい。それゆえコマやコケシに使われる。子供の頃熱中したコマ回しで、大事に磨き、相手のコマをかち割ろうと投げた木ゴマは、いま思えばミズキ製だったか——。

北海道では、アイヌ民族が儀式に用いるイナウ(木幣)に使われる。古くからキハダは金、ミズキは銀、ハンノキは銅。ヤナギは普通。そんなメダルのような木の「格」が伝わっている。捕ったサケの頭をたたく棒にも「できるならヤナギより銀のミズキを」。それがアイヌ文化の思いやりである。

枝は放射状に伸び、葉が広く繁る。そこに黒い実が上向きにつく。鳥や虫が集まって食べるからテーブルツリーとも呼ばれる。

「クマ棚」を初めて見たのもミズキだった。ヒグマが樹上でバキバキと枝を折って実を食べ、その跡が棚のように残るのだ。

そうして種はあちこちに運ばれ、まだ他の木がない荒地にもよく入り込んでいる。森では大木の陰で出番を待つ若木が目につく。ミズキは気がつけばそこにいる。

見通しのいい冬は出合いのチャンス。深紅の枝先が目印だ。

ミズキ／日本全土、アジア各地、南千島に分布する落葉広葉樹。6～7月、枝先に白い小花が集まって咲く。冬は枝の赤みが目立つ。

ナナカマド

Japanese Rowan

赤い実をついばむウソ。もしかするとアカウソかもしれない。

冬まで赤い

ウソだ。居間の目の前のナナカドに数羽で飛来しては枝先の実をついばみ、くちばしを赤く染めている。ウソと、胸に赤みを帯びたアカウソが入り交じっている。いずれも雄は頬が赤くておしゃれ。そんな頬紅の鳥が増えるたび、木立の赤が減ってゆく。

ナナカマドの実は秋には真っ赤に色づく。紅葉が散るとさらに目立つのだが、なぜか年末ごろまではほぼ丸々残っている。一度食べたらかなりマズかったので、私の食料リストにも入っていない。鳥にも人にも取られず、腐りもしない。冬中鮮やかな実をつけていることも多い。

それが、ある時を境に鳥が集まり出す。何か号令が下ったように、突如鳥たちが実を食べ始めるのだ。

調べると、ナナカマドの実には食品保存料に使われるソルビン酸が含まれるため長持ちするという。さらに苦みや毒性のあるシアン化合物を含有するが、霜や低温で実が凍り、解凍して加水分解を繰り返すと、毒性が抜けてゆくという。それが本当なら、ウソは食べるタイミングを計っていたのだ。

魅惑的な赤い実が毒か無毒か、ウソに聞くのが一番ということか——。

アカウソは主に北のロシアから渡来する。胸の赤みと尾羽の裏外側の白い斑紋で識別する。尾羽の斑紋は見づらく、赤みの少ない鳥もいて、ウソかアカウソかの見分けは難しい。

迷うたびに思い出すのはロシア語通訳・米原万里さんの名著『嘘つきアーニャの真っ赤な真実』。赤には「明らか、完全」という意味があるが、真っ赤な嘘に真実が潜んでいたり、信じていたことが白い嘘（英語でいう人を傷つけない小さな嘘）ということもある。嘘と真（まこと）は背中合わせなのかもしれない。

和名のウソは「嘘」とは無関係だ。フィーフィーいう鳴き声から、「口笛を吹く」を意味する「うそぶく」という言葉に由来するという。

笑う樹

樹が笑っている。

冬晴れが続いた朝。締まった雪をギュイギュイ鳴らして裏庭に向かうと、雪原からエゾニワトコの若木が飛び出している。

近づくと……、いた。

冠をかぶったハートの顔がにっこりほほ笑んでいる。樹が笑うはずはないし、本当にそうならかなり怖いのだが、笑っているように見えて仕方がない。

その上下にも、また隣の枝にも微妙に表情の違う顔、顔、顔。笑顔のトーテムポール。妖怪「人面樹」といってもいい。

顔に見えるのは秋に落ちた葉の痕跡で、頭上のふくらみは「冬芽」（ふゆめ／とうが）と呼ばれる。冬芽の中には春に開く芽や花のつぼみが準備されていて、覆いをかけ、寒さから守りつつ越冬しているのだ。

落葉樹はそれぞれがユニークな冬芽をもっている。猿顔のオニグルミ、とぼけ顔のサクラ、ピエロ顔のキハダ――。ひとつ気づけば、次々と樹の顔が見えてくる。裏庭だけでも人面樹博覧会の様相だ。

エゾニワトコは本州北部や北海道の原野に生える落葉低木。初夏に小さなクリーム色の花がふさふさと咲く。ロシア沿海地方にもあり、秋は枝がしなるほど赤い実がなる。全体に独特の臭気があり、アイヌ民族は魔よけや薬に用いてきた。

ニワトコは漢字で「庭常」または「接骨木」と書く。漢方薬として樹皮を煎じ、骨折や打ち身の湿布に用いたりしたため、庭に常に植えられたからといわれる。古来、役に立つ樹として人に重用されていたわけだ。

ちなみに裏庭のエゾニワトコは私が植えたのではなく、鳥たちが勝手にフンをして、その中の種から育ったものだ。後で薬に使うつもりかどうかは知らない。

そして冬になると、ただ笑って突っ立っている。私には、この顔だけで十分だ。

エゾニワトコ／アジア東北部、北海道の原野に生える落葉広葉樹。淡黄色の花が5月ごろに多数咲く。実は赤く房状。幹はコルク質。

エゾニワトコ

Red-berried elder

雪原に立つエゾニワトコの冬芽

あとがき

北海道の自然に憧れて歩き始めました。最初は山を。やがて野生の草木と動物に魅かれ、森へ海へとフィールドは広がっていきました。歩けば歩くほど、生き物の営みを知るほど、この島は奥深くなっていくようでした。

北海道で長く暮らすうちに、自分の生活を取り巻く野生とどう向き合うかが大切になってきました。写真に収めるだけでなく、わたしはタフでしなやかな野生の生き方を見習って暮らしたいと思っています。

この本は「北海道新聞」朝刊に隔週で連載された写真エッセイ「伊藤健次の大地の息吹 海のささやき」から生まれました。連載は２０１７年から23年まで、コロナ禍の紙面変更による休載を挟みつつ、６年半に及びました。２度目の小学生を卒業した気分です。北海道やアラスカ、ロシア極東の自然を紹介した１３３回の中から、北海道の動物に関する53編、植物の22編を選び、ロシア極東編と新たな写真を織り交ぜ再構成しました。連載を支えていただいた担当デスクの方々、広範なテーマをスマートに編集してくださった出版センターの仮屋志郎さん、デザイナーの佐藤守功さんに改めて感謝します。

ジグゾーパズルのピースに似てデコボコながら、どの一編も、愛着ある生き物たちと過ごした時間の断片です。こぼれ落ちてしまったピースは、また探しにいくつもりです。

伊藤健次

本書は２０１７年３月から23年９月まで「北海道新聞」で連載した「伊藤健次の 大地の息吹 海のささやき」の一部を加筆・修正し、書き下ろしを加えて構成した。

著者略歴

伊藤健次（いとう・けんじ）

写真家。１９６８年生まれ、北海道岩見沢市在住。北海道大学在学中から広く道内の山野を歩き、日高山脈や大雪山の冬期単独全山縦走を敢行。カナダ、アラスカ、カムチャツカ半島での海外登山を経て、近年はヒグマやシャチの撮影のほか、北海道の原風景に通じる極東ロシアの森を旅し、新聞、月刊誌で作品を発表している。主な著書に『アイヌプリの原野へ』（朝日新聞出版）、『日高連峰』『アルペンガイド 北海道の山』（山と渓谷社）、ウスリータイガの森と猟師をテーマにした写真絵本『川は道 森は家』（たくさんのふしぎ傑作集・福音館書店）などがある。

撮影協力
知床ネイチャークルーズ

編集
仮屋志郎（北海道新聞出版センター）

地図作成
中島みなみ（北海道新聞出版センター）

ブックデザイン
佐藤守功（佐藤守功デザイン事務所）

伊藤健次の北の生き物セレクション

２０２３年９月９日　初版第１刷発行

著　者　伊藤健次
発行者　近藤　浩
発行所　北海道新聞社
〒０６０－８７１１　札幌市中央区大通西３丁目６
出版センター（編集）電話０１１－２１０－５７４２
（営業）電話０１１－２１０－５７４４

印　刷　中西印刷
製　本　岳総合製本所

乱丁・落丁本は出版センター（営業）にご連絡くださればお取り換えいたします。
ISBN978-4-86721-106-9